國立臺北科技大學校友總會

點亮產業推手

收錄25個校友典範的奮鬥人生故事

—— 優報導youReport 編著

自序

認真勤勉　永不放棄

　　回想我在讀高中三年級時，面臨升學與就業的抉擇，最終選擇了升學這條路，但因國、高中時期並沒有認真讀書，所以，突然要拿起書本為應付聯考而讀是一件非常痛苦的事，畢竟基礎沒打好，挫折感之大可想而知，幾乎每天都在懷疑自己是否有能力應考。

　　直到有一天，在一個舊書攤上看到一本書名叫《叫太陽起床的人》的二手書，裡面收錄了許多成功人士的傳記，於是我把它買回來擺在書桌上，每當我遇到挫折想放棄的時候，就會拿起這本書來看，從那些名人傳記故事中獲得啟發，用以激勵自己堅持到最後，未料竟然讓我如願以償考上了臺北工專（現臺北科大）。

　　有感於當年因為一本名人傳記，讓我有機會成為臺北科大校友，如今還銜命為校友總會第十屆總會長，所以，如何將北科人那種認真勤勉、永不放棄的精神傳承下去，便是我的首要使命！

　　臺北科大擁有逾百年校史，培育出許多對社會具有貢獻的校友，無論是產官學研各界都有出色的表現。大多數的校友都是

Preface

在貧困中長大，靠自己的努力，歷經許許多多的挫折才有現在的成就。

因此，希望透過這本《點亮產業推手》的系列叢書，以及影音製作，傳播各行各業、各個領域學有專精的校友故事，分享他們個人的成長背景、求學歷程與職場經驗，藉以激勵更多年輕學子勇敢逐夢，帶給社會一股正向力量循環！

張時城

帛琉共和國駐台 名譽總領事
國立鹿港高中校友會 理事長
國立臺北科技大學校友總會 理事長

推薦序 1

散播善知識 傳遞正能量

　　百餘年來，北科大在臺灣經濟發展的過程中扮演了至關重要的角色。無論是臺灣的重大公共建設、國營事業、私人企業，還是石化、電子與半導體產業，北科大校友都在各行各業中展現了卓越的貢獻。目前上市上櫃的公司中，有超過 10% 是由北科大畢業校友創立或擔任重要營運職位。學校能夠持續發展進步，正是因為這些優秀的校友的卓越貢獻，所以他們的經驗成為我們學習的典範。

　　《點亮產業推手》系列叢書，每一輯以影音與文字收錄了 25 位海內外校友，從兒時成長背景、求學歷程到職場甘苦談的奮鬥人生故事，分享他們在各個領域所展現的成就與拼搏歷程，每每充分體現出本校「誠樸精勤」的校訓與「北工人」的實作精神。

　　這本書不但製作精美，內容更是激勵人心！非常適合年輕學子閱讀，不僅能幫助在學學生建立正確的態度、翻轉人生，還能進一步引導他們改變行為、積極進取。對於已經投身職場的朋友，若能透過這些故事的激勵而突破自我的學習框架，獲得創新的靈感，並為自己的事業尋找新的轉型契機，我想正是校

Foreword 1

　友總會理事長張啓城發行這本書的初衷與宗旨,我個人更期待這本滿載正能量的著作能淵遠流傳,持續傳頌更多校友典範故事,將已愈百年校史的優良傳統一直傳承下去。

　總而言之,北科大校友的傑出貢獻展現了學校在臺灣經濟發展中的重要地位。《點亮產業推手》這本書是學習與啟發的寶貴資源,無論是學生還是職場人士,都能從中汲取能量,進一步提升自我,推動未來的成長與創新。最後,要特別向每位參與受訪的校友致意,更期待透過《點亮產業推手》第二輯、第三輯⋯⋯,能看到更多北科校友的精彩故事分享。

國立臺北科技大學　校長

推薦序 2

挑戰自我　超越極限

　　國立臺北科技大學自創校以來，培育了無數優秀的人才，為台灣的產業與經濟發展做出了卓越的貢獻。在這所孕育創新精神的學府中，校友們以堅持、專業和無畏的精神，從課堂走向了社會的各個角落，成為台灣產業發展的推手。

　　在這本《點亮產業推手》系列書籍第一冊中，收錄了 25 位在各行各業、各領域有傑出表現的校友的奮鬥人生故事。這些故事從他們的成長背景談起，經歷了求學磨練，到踏入社會、創業或服務於產業的心路歷程。他們的故事，不僅展示了臺北科技大學教育的卓越成果，更體現了每位校友在艱難困苦中不屈不撓、勇敢逐夢的精神。

　　身為校友的我，能看到這些優秀的校友們以實際行動照亮台灣產業的未來，內心充滿驕傲與感動。這些校友的成功經驗和他們在創業過程中的甘苦談，對現今年輕一代有著無可估量的啟發意義。他們提醒我們，成功不僅是目標，更是一種態度，是一種不斷挑戰自我、超越極限的精神。

　　我深信，這本書之出版將為許多年輕學子點燃心中的火焰，

Foreword 2

　激勵他們勇敢築夢，踏實追夢。期待這些故事能在未來激勵更多的校友和年輕人，持續為台灣的產業注入新的動能，為社會創造更多的價值。

　最後，感謝張啓城總會長及所有為這本書付出努力的團隊，讓我們一起期待未來更多精彩的校友故事，繼續照亮這片土地的未來。

沈榮津

總統府 資政
凱基金控 副董事長
台灣金控 前董事長
行政院 前副院長

推薦序 3

追求卓越　勇敢前行

　　臺北科技大學對全球產業有著重大的影響與貢獻，不僅培育了無數的專業技術人才，直接投入國內及國際社會的建設生產行列，為全球經濟建設發揮了相當的助益，更是帶動全球產業不斷優化的力量。除了深化技術教育的專業技能，臺北科大的高等教育更著重務實研究，強化學生對社會的關懷、宏觀人格養成、孕育職業道德與工作倫理。

　　在這個變化莫測的時代，臺北科大的校友遍佈各行各業，從傳統產業，現代到未來的科技，無論在國內還是國際舞臺上，大家都憑藉著臺北科大的教育背景，發揮著影響力，推動著社會的進步。每一位校友的成就，都是對母校最美好的回饋。這本《點亮產業推手》旨在分享校友的故事，展示傲人的光彩，讓我們共同見證彼此的成長與成功。

　　臺北科大的校訓『誠樸精勤』正是我創業所根據的力量，也是我事業可以永續成長的立基。紮實的訓練養成，每每在產品開發，事業發展的過程，皆是自然而然的以校訓精神秉持實事求是、認真負責、追求無瑕的目標，才能讓『美超微』在競爭

Foreword 3

激烈的矽谷站穩腳步、產品領先同業、贏得客戶信賴,成為國際認可的品牌。

這本刊物不僅記載臺北科大校友不凡的成就,也激勵我們繼續追求卓越,勇敢前行。從國內到國際,每一篇故事都蘊含著堅持不懈的努力而換來的成就。一段段學長成功的榮耀中,背後珍貴的心路歷程與智慧。

衷心祝福每一位讀者,讓我們共同以臺北科大校友的成就為榮,從而獲得職場生涯的啟發,並且繼續攜手前行,創造更多對自己,對人類有利的事業與志業。

美超微 創辦人 暨 CEO
梁見後

目錄   CONTENTS

國立臺北科技大學 前校長 姚立德 71電機五   14

國立臺北科技大學 第20任校長 暨 第21任校長
國家考試院 第13屆考試委員

群光電能 總經理 曾國華 68工管三 | 93工管碩   24

臺北科大 名譽工學博士 / 臺北科大產官學研菁英會 理事長
臺北科大文教基金會 常務董事 / 工業工程獎章- 產業貢獻

工業研究院 前副院長 彭裕民 67化工五   34

循旭科技 董事長 / 中華民國科技管理學會 理事長
中國材料科學學會 理事長 / 台灣電池協會 理事長

辛建文捲門集團 董事長 辛慶利 68機械五   44

馬來西亞北科大校友會 理事長 / 檳城留台同學會 榮譽顧問
馬來西亞台商並台商會ESG 環保顧問

聚隆纖維 董事長 周文東 66機械二   54

聚泰環保材料科技 董事長 / 聚茂生技 董事長
台中市磐石會 會長 / 台灣人纖公會 理事

伯鑫工具 總經理/創辦人 吳傳福 65機械二   64

富基責任有限公司(越南) 董事長 / 數泓科技(股)公司 董事
臺中市政府 市政顧問 / 臺灣手工具工業同業公會 榮譽理事長

點亮產業推手

尚磊科技 董事長 白陽泉 60礦冶五   74

台灣環保設備公會 理事長 / 北科大材資教育基金會 董事長
台灣環境保護營造公會 常務理事 / 台北艋舺扶輪社 社長

志鋼金屬 總經理 郭治華 80機械二   84

臺北科技大學校友會 第八屆總會長 / 總統教育獎 評審委員
全國技能競賽 裁判長 / 中華民國觀光工廠促進協會 理事長

喬訊電子工業 董事長 張水美 71電子二   94

臺北科技大學校友會 第九屆總會長 / 日本喬訊株式會社 社長
巧鴻實業 董事長 / 水美不動產 董事長

駱泰企業 總裁/創辦人 黃廖全 110製科所博士   104

18~21年國際獅子會國際總會 國際理事 / 內政部「八德獎」
第十二屆國家品牌玉山獎 傑出企業領導人

樺龍集團 總經理 林建龍 107經管EMBA   114

臺北科技大學EMBA校友會 理事長(第七屆)

崴正營造 創辦人 張正岳 82土木二   124

栩安開發 創辦人 / 臺中市不動產公會 副理事長
綠色智慧科技協會 理事長 / 國際扶輪3462地區1-2分區 助理總監

月桃故事館觀光工廠 創辦人 何勇魏 62化工三　**134**
華實興業 董事長 / 嘉義市工業會 理事長
嘉義市北科大校友會 創會理事長(2024~2026)

中揚光電 董事長 李榮洲 84機械五　**144**
紘立光電 董事長 / 晶彩光學 董事長

上暘光學 總經理 吳昇澈 86材資五/104EMBA　**154**
臺北科技大學EMBA校友會 理事長(第五屆)
工研院光學元件技術發展詢委員會 會長(2021-2022年)

彰師大工教系 退休教授 黃靖雄 53機械二　**164**
大豐駕訓班 董事長 / 中華民國汽車工程學會 榮譽理事長
華德動能科技 獨立董事 / 中華民國汽車駕駛教育學會 顧問

和泰汽車 前總經理 陳順德 55機械二　**174**
臺北科大校友總會 監事 / 花蓮縣臺北科大校友會 常務理事
彰工旅臺北校友會 理事

福佑科技 董事長 呂朝福 106資材EMBA　**184**
海能量科技 副總經理 / 桃園北科大EMBA校友會 創會理事長
桃園市松柏大學 主任委員 / 桃園市政府 市政顧問

台灣化學纖維 前總經理 黃棟騰 62化工二　**194**
北科源科技股份有限公司(越南) 董事長 / 福懋興業 前董事
台灣化纖 前總工程師 / 台化興業公司(寧波) 前總經理

禾固營造/建設機構 董事長 張啟章 72土木二　　204

禾固營造 創辦人 / 台中建築品管協會 創會長
禾固建設 董事長 / 台中建築五星級廠商聯誼會 創會長

君國天下 董事長 魏榮宗 73紡化三　　214

英國劍橋大學博士後 / 國家高等考試及格
智產局專利代理人高考證照 / 高考工程技師證照

京凱企業 總經理 李春明 106經管二　　224

桃園臺北科技大學校友會 總幹事
台灣雲林之友會 理事 / 桃園長祥同濟會 理事

沃亞科技 負責人暨總經理 郭一男 76電機五　　234

中華民國紅十字會 會員

海碁科技 董事長 陳美吟 78化工三　　244

旋天環保公司 副總經理 / 新莊雙鳳震災都更會 理事長
新北市臺北科技大學校友會 理事長(第十屆)

Bosse Computers Ltd 董事長 蔡惠玉 82化工三　254

國際橋牌社 共同出品人 / 陳定南教育基金會 董事
英國僑務 顧問 / 曼城台灣人協會 會長 暨 急難救助會 會長

產業推手 世紀傳承

極盡全力的奉獻──
母校第一位校友校長

國立臺北科技大學
前校長 姚立德

　　畢業於臺北工專(現北科大)電機科的姚立德，海外學成歸國即回歸母校任教，並獲選為第 20 任與第 21 任校長，是創校以來第一位校友校長。他於北科大的百周年盛會時提出數據：「全國上市上櫃公司老闆，每 10 個就有 1 個出自於北科大」，這句話逐漸在國內流傳開，與他在百周年校慶時為母校百年來對國家貢獻的定位口號：「工業推手一世紀，企業搖籃一百年」相呼應，一直成為外界對北科大的鮮明印象。

懵懂少年 出國深造 報效母校

　　姚立德於桃園大溪國中畢業後，順利考上臺北市建國高中及臺北工專，家境清寒的他希望畢業後可以儘早為父母分擔家計，受當時理化老師影響，最終選擇在臺北工專就讀。那時候的姚立德並不知道臺北工專並不是大學，懵懂的他在學期間了解到臺北工專畢業是沒辦法取得學士學位的；為了取得方帽子，他毅然決然出國深造，在學期間用半工半讀存下來的錢去報考英文補習班，強化英文能力，出發美國留學，最後取得美國密蘇里大學電機碩士和美國威斯康辛大學電機博士的學位。

　　在學期間，姚立德的博士論文是探討當時非常先進的太空工作站，但是因為父母親已年邁，所以他決定放棄在美國發展，選擇回臺陪伴家人，並在鄭永福老師的推薦下到臺北工專任

教,憑藉一腔熱忱與過人才華,打算將最新的學問回饋給母校的學弟妹。

　回臺後,他首先將眼光放到臺灣還未主流的冷凍空調研究上,受王文博老師的協助,參與台電研究計畫。當時正值臺灣供電不足,甚至於夏天的空調耗電量占了整體用電的 40%,導致工業區不得不實行輪流限電。因此,台電希望能透過無線電控制用戶的空調,以減輕用電壓力。計畫初期,姚教授的團隊配合台電購買的來自美國的無線電控制系統,他親自登上台電大樓頂端安裝,並成功控制北臺灣的空調系統。而後,為解決空調系統通常安裝在地下室、無線訊號無法到達的困境,他的團隊開創性地將控制訊號嵌入中華電信當時所使用的傳呼系統(也就是俗稱的 BB call)的訊號中,此舉獲得巨大的成功,並運用於小型冷氣機與大型中央空調系統;台電藉此得以在新

竹以北地區制定規範，控制用戶的空調，從而度過能源短缺的危機。從此，也為他開啟三十年來將控制與電腦及通訊技術應用於電能管理的研究領域，主持過百餘項的研究計畫，深獲業界及學術界好評。

結合理論與實踐 和企業接軌

目前，姚立德在電機系專攻人工智慧的研究領域與相關課程，他強調，人工智慧近年來，在產業的應用價值及重要性越來越高，並以軌道交通領域為例，特別是臺北捷運公司和高鐵方面的成果。姚教授在這方面參與過多個研究計畫，除了負責開發高鐵的電力維護系統外，他還與臺灣車輛公司合作，規劃並設計出第一套控制火車的監控系統，透過結合人工智慧，預測火車上的設備可能出現的故障。在捷運方面，他運用人工智

慧來預測人流量，做為調度車輛的依據。另外，針對捷運軌道電路感測器可能發生的故障，也開發一套人工智慧系統去預測故障。他還同時開發一套人工智慧系統，經由振動訊號，預測中運量捷運車輛車軸可能發生的故障及故障類別。不僅如此，姚教授在機器仿生方面也已經有一定的研究成果，透過校友材料與機構上的幫助，開發出了能像真實魚類一般自由游動的仿生機器魚、仿生機器海龜等。此外，他目前的研究還涉及仿生機器狗和室內自駕車等應用領域。

他的實驗室著重理論和實務的結合，姚教授認為這是使得北科大的實驗室與其他一般大學最大的不同，學生們能接觸到不論是捷運、台鐵或高鐵等領域的實際應用，開發的技術不只給合作的企業帶來很大的商業利益，也是北科大良好的研究環境與卓越的實作能力所能展現的面貌，培養這種能力的學生，符

合國家產業的需求。在實驗室中，他總是鼓勵學生，不要怕弄髒雙手，蹲下去用手和腦去解決問題，一定要把動手實作做為個人職涯發展的終身能力。

整合資源 奉獻母校 身體力行

「世俗煩惱處，要耐得下；世事紛擾處，要閒得下；胸懷牽纏處，要擱得下；意氣憤怒處，要忍得下。」是姚立德任職北科大以來的座右銘，從他目光長遠、不懼艱辛且大膽的前瞻性手段可見一斑。

他欣賞北科大「地利之便」和「百年歷史」的特點，將此效益最大化，先是透過開發校內資源，例如將建成的大樓與停車場一部分租給企業，為學校大幅增加經費；再者，北科大多年來擁有眾多傑出校友，他便拜訪各企業與現身校友會活動，找回凝聚力與資源，在六年校長任期內，募到了足足有十六億多的經費，為北科大投入相當龐大的心血。

實務研究型大學 成為技職教育典範

　　姚教授強調，擔任校長期間，他提出「實務研究型大學」的治校理念，致力打造一所真正技術導向的科技大學，讓北科大成為技職教育的領頭羊。姚教授指出，重視高等教育培養學生實作能力的方法，對國家的產業發展非常有幫助，臺灣若要在全球先進國家中占據一席之地，必須朝德國這類技術導向的國家看齊，培育人才具備出色的實務能力。他總是不斷強調他的治校理念：實務研究型大學。他回憶起過去學校不敢討論世界排名的氛圍，此前校長更不敢太過要求老師們進行研究，但他用熱情與自身的樹人之道，逐漸改變了校園風氣，現在的校園氣氛已經能夠公開鼓勵老師朝世界排名努力，每每看到學校排名提升，他甚是欣慰。據他觀察，臺灣其實並不缺少一所研究

做得好的大學,但卻缺少一所引領技職教育的典範科技大學,他一直堅信著,北科大有這樣的責任與能力擔當這樣的角色,他擔任校長期間,一直努力讓北科大成為這個目標的一股堅實的推動力。相信這也是後來他在校長任內,受到行政院的青睞,邀請他赴教育部擔任政務次長的原因之一。

　　從就讀臺北工專,到出國留學,之後回母校任教並參與產業計畫,一步步鋪墊成了姚教授的育人之路,他覺察到科技大學的教育可以推展的方向與有利之處,即是理論與實踐的雙重培養,讓技職教育培養的學生得以立足於我國高速發展的產業,而且游刃有餘。

姚立德 71 電機五

- 國立臺北科技大學 第 20 任校長
- 國立臺北科技大學 第 21 任校長
- 教育部政務次長、代理部長
- 國家考試院 第 13 屆考試委員

專訪影音

待人從寬 對事從嚴
不忘貢獻母校、產業與國家

群光電能科技股份有限公司
總經理 曾國華

　　曾國華於民國68年畢業於臺北工專（現臺北科大）工業工程科，民國93年取得北科大工業工程與管理碩士學位，民國112年獲得名譽博士學位。他長期擔任北科大文教基金會董事，定期捐資興學，協助清寒學子順利完成學業。訪談中，他更以「待人從寬，對事從嚴」的自身處世態度勉勵學弟妹！

資質優異 努力不懈 勇於面對

曾國華以優異的入學成績進入臺北工專工業工程系,在學期間他擔任班代期間的優良表現,獲得了班級教師潘素琴的特別關注及高度欣賞,對於曾國華的理想與抱負萬分關切,三度詢問曾國華的未來志向,但起初他對工業工程領域不甚了解,對未來前景亦尚無想法。

在學業的起始階段,曾國華未全情投入學業,但命運的轉折點在他遇到一位名叫郭再添的熱情助教,從此為他的人生開啟全新的學習篇章。

郭助教用耐心與熱情激勵了曾國華,讓他變得積極投入學習,也意識到學習的重要性,並陸續獲得優異的成績。這個轉

變不僅提升了他的學術成就，也對他未來的發展產生了正向的影響。

不斷追求卓越 堅定應對多方挑戰

畢業後，曾國華由於結婚與生子的考量，未繼續升學，而是積極踏入職場。離開臺北工專後，他轉向了當時非常知名的普騰電視公司，開始了新的職業生涯。然而，由於家中父親的健康情況，他回到了老家高雄，並參與加工出口區的外商工作，曾在 Monitor 大廠凱音電子擔任採購與物料部副理一職。後來，由於他對於 MRP 系統的熟悉，引起了光寶科技股份有限公司的關注並邀約加入其團隊，於是曾國華便從製造部門開始，一路升遷至廠長、資深處長。

離開光寶科技後，曾國華一路向上發展為力信實業股份有限

公司的總經理,並積極邀請公司員工就讀母校臺北工專研究所。他自己也決定進修,取得臺北工專工業工程與管理研究所學位。後來力信實業公司被併購,他因而離開力信實業,並經歷一段休息時光。

曾國華在臺北工專升學並擔任助教期間,與學校教授保持緊密互動,經王瑞材教授的轉達,知道群光電能科技股份有限公司的林茂桂董事長一直期待他的加入。最終,他接受了林茂桂董事長的邀請,成為了群光電能的一員。

堅持不懈 逆風翻盤

曾國華在電源供應器產業擁有四十多年的全方位經驗。2008年於群光電能虧損之際臨危受命,他積極引領群光電能

轉型，率領公司發展電源關鍵零組件自動化有成，一年內即終止連年虧損，轉虧為盈。他尤其在推動電源關鍵零組件 — 磁性元件變壓器自動化無人工廠方面取得卓越成就，不僅提升了公司的品質，還降低了成本，奠定了穩定的競爭基礎。

2013 年，曾國華帶領群光電能成功上市，在他擔任群光電能總經理的 16 年內，成功的帶領公司實現營業淨利成長達 22 倍。於 2015 年，他領導公司迅速提升筆電電源市占率至世界第一。在 2019 年，他更進一步引領群光電能躋身全球前三大電源供應商之列。近年來即使受到疫情的衝擊。他依然逆勢領導群光電能突破，公司近三年 EPS 都超出 8 元，獲利更是連續五年創下歷史新高。

團隊動力 領航前行 共創成功

　　曾國華嚴肅看待團隊發展，強調自我成長，並持續反思，這些是他成功帶領團隊克服種種挑戰的重要因素。他謙虛地認為團隊已經非常優秀，只是缺少一位領航者。在團隊面臨資源不足的情況下，運用多年來在業界建立的好人脈，親自與零件供應商洽談，提高了零件的品質。做為團隊的領袖，成功解決了公司的痛點。

　　曾國華的卓越品格源於他的家庭背景，從小時候開始，他就展現了獨特的思維方式，雖然小時候曾是讓爸媽更費心思的小孩，但隨著年齡的增長，他逐漸成為父母眼中可信賴的好孩子，父親更在臨終前託付他照顧家中其他的手足，他的可信賴之處在於無論是在職場還是家庭中，皆展現出卓越的風采，成為眾人仰慕的典範。

智慧引領未來 展望無限

在曾國華的領導下,群光電能的業績持續成長。公司在亞洲地區拓展了許多工廠,他自豪地表示,群光電能不僅在營業額方面表現優秀,在利潤方面也擁有數一數二的優異成績,除了在傳統電子領域取得成功以外,群光電能也在智慧建築領域蓬勃發展。他驕傲地表示,公司成立以來,在智慧建築領域取得了顯著的成就,2023年智慧建築業務貢獻高達15億元的營收,相較於2022年的5億元,成長幅度顯著,而曾國華也期待智慧建築這項業務,未來將穩定的持續成長。除了智慧建築業務外,水冷散熱模組的電源供應器、伺服器電源、高瓦特數的電競筆電電源、通訊用電源及低軌衛星用電源,這幾項是群光電能未來營運成長的動能。

惜福知足 回饋付出 讓愛飛揚

在訪談中，曾國華總經理也表達了他想要特別感謝的人事物。除了他特別提到的潘素琴老師、郭再添助教及楊延實主任，這些人對他的職業發展是必不可少的存在。此外，他也很感激他的家人，包括父母和他的三叔，因為他們在他的人生中扮演著重要的角色，除了是在他迷惘時指點人生的一盞明燈外，更是心靈的支柱。

最後曾國華不忘強調，他能夠取得今天的成就，更歸功於母校所帶給他的養分。所以多年來，他一直積極回饋學校，2023年因為獲得學校授予這項「名譽博士」殊榮，他還額外捐贈了超過1000萬給學校。曾國華也十分感謝一路上給予大力支持與陪伴的妻子，讓他得以無後顧之憂的實現對教育和社會的回饋，也為社會帶來正向的力量。

曾國華 68 工管三 | 93 工管碩

- ◆ 群光電能科技股份有限公司 總經理
- ◆ 臺北工專民國 93 年度 傑出校友
- ◆ 2021 工業工程獎章 - 產業貢獻
- ◆ 臺北科大 名譽工學博士
- ◆ 臺北科大文教基金會 常務董事
- ◆ 臺北科大工業工程與管理系友會 第六屆理事長
- ◆ 2024 臺北科技大學菁英校友會 理事長

專訪影音

堅持與正向思維
將困難化爲成功的基石

工業技術研究院
前副院長 彭裕民

　　從小於苗栗山城長大的彭裕民，在早期望子成龍、望女成鳳的年代，他的父母也不例外，總是希望他循著讀高中考大學的路走，豈知當年考上師大附中的他瞞著父母改讀當時的「臺北工專」。接著出國修完博士學位歸國，他有更好的機會進入高薪企業，卻寧可選擇工研院，並且一路做到副院長。如今他以成爲「臺北科大人」爲榮，以任職「工研院」爲傲，他更謙遜說很慶幸自己有機會與世界級頂尖人才、大師爲伍。

社團點滴成青春印記 念情師恩回憶湧上心

　　初踏入臺北工專校園，彭裕民坦言當時對科系選擇毫無頭緒。他選讀化工系，除了學業鑽研，更難忘的是參與社團活動所積累的滿滿青春回憶。由於加入創新發明社與擔任化工學會總幹事，他享受到與同儕協力完成一件事的熱血過程，與學長姐交流，更有助於他提早探索產業發展趨勢、與社會連結。種種校園活動的積極參與，使彭裕民體認到「創新」是帶動產業改革的關鍵，這樣的價值觀在爾後深深影響他的一生。

　　彭裕民就讀臺北工專時的恩師，教授「單元操作」的羅文偉老師，嚴謹的教學態度頗受學生們景仰與推崇。畢業後數年，

彭裕民憶起恩師，邀請羅老師參觀工研院並與同學相聚，未料那一次的邀約，竟成此生最後的追憶。羅老師的無私、傾囊相授，讓彭裕民如今想起，仍心有不捨、頻頻哽咽。

另一位對彭裕民影響深遠的國文老師鄭郁卿，從中華文化藝術之美談到現代的教育批判，饒富幽默感的風格，總讓學生在人文涵養的課堂上，發出會心一笑。因為教學相長，使得在臺北工專的歲月簡單美好，彭裕民道起師生情的感動不溢於言表。他表示對師長最大的回饋，便是感謝老師對自己成長過程中的深刻影響。

懂得問為什麼才是有料的學習

臺北工專畢業後，凡事追根就柢的彭裕民頓時燃起滿滿求知欲，他領悟到若要深入領域核心，光是在學時期的學識遠遠不足。於是，在工作一年多後，他便著手準備出國，決心探究更廣博的學術知識，便選擇到英國曼徹斯特理工學院攻讀碩博士。

「如果說，臺北工專的栽培讓我成為一位優秀的工程師，那麼留學海外所獲得的經驗，是讓我能更關注基礎理論的探究、更細緻明白基礎的材料特性。」研究工夫需要長期耕耘，在大量研讀來自世界的研究論文；彭裕民稱「文本知識擴增與內化」，是最快能讓學識在短期內向上升級好幾階的捷徑——許

多無法親臨的實驗，透過前人的研究紀錄，就能轉化為自己的知識寶藏。

這些文化敏感度的覺察力，讓彭裕民忍不住提到當年在臺北工專教授國文的鄭郁卿老師。原來鄭老師當時傳授的人文素養，讓他活用於專業與人文的「眉眉角角」之中。

聚集智庫 融合創新 莫忘人文素養軟實力

學成歸國後，彭裕民有許多選擇可走：清華大學、中研院、中鋼……許多高薪企業都向這位飲洋墨水的高材生招手。然而彭裕民看重「工研院」的彈性與自由環境，毅然決然選擇進「工研院」。他從研究員、實驗室主任、副所長、處長，又做回所長；在董事長和院長的極力推薦下，榮任為工研院副院長。他說，這一路走來，相當感激提攜他的主管，畢竟工研院人才濟濟，唯有主管對部屬的信任與重視，才能讓他有資源與機會，在團隊裡步

步完成階段性任務，並向上發展。

　　榮升副院長後，職位轉移也翻轉了他的工作視野。第一線的研究已非他的主要工作，站在宏觀的位置上，就應該提出具價值性的問題，引領團隊方向。

　　某次，為了探討鋰電池的爆炸問題，彭裕民在拋出想法後，聚集全臺研究鋰電池的教授做腦力激盪，並組織研究團隊進行研究與測試。歷經兩年鑽研，最終他們幸運的捉住一個爆炸的痛點，藉由專業教授的理論分析，明白到：原來在一顆不爆炸的鋰電池裡，其材料在接近危險溫度前，會從導電體變為絕緣體，其功能如奈米級保險絲可避免內部短路，自然能夠安全、不會爆炸。這項重大創新突破的 STOBA 技術，後來不僅榮獲兩次的美國百大科技獎；前往日本參展時，更大受日商青睞，輝煌寫下多項專利與研發殊榮。

因為個人的學識有限，如何集結各方專家人士，展開實質性對話，在處理複雜的技術問題時，藉由人才智庫幫助他尋求解答，是他計畫啟動的第一步。他找來國內外專家、現今已有相當成就的公司技術長、研發領導、學術界的教授等龍頭專家們匯聚，形成一大廣博知識海，激發出的智慧結晶，成為彭裕民手上的一副最佳王牌。

天下有難事 更要有心人

在工研院歷經三十五年光陰，彭裕民說，他預言未來臺灣所面對的產業挑戰將會比三十五年前更加龐大。他鼓勵年輕學子儘早了解大環境的趨勢；以 T 型人才的觀點來看，技術的深入、整合、應用，會是未來產業發展的三大主力。

他認為攻讀碩博士有助於獨立思考訓練；有的人適合投身研究，埋首學術界研發最佳材料；有的人適合走應用，藉由好材料能做到最好的產品應用，讓技術得到最大的發揮。而當一個人，愈靠近高階主管職位，自然會接觸到這兩項專長

的人才,此時,將兩區塊整合、調配,居中扮演溝通橋樑,便是重要的職責。

一路走來,彭裕民說他也不是沒有遭逢過挫折和失敗,他舉例組過的團隊最後被解散的也不在少數。他以「天下有難事,更要有心人。」勉勵自己也勉勵他人,因為他相信失敗都是累積成功的底蘊,許多快放棄的片刻,都是仰賴團隊相互砥礪與耐心堅持,才有後來的豐厚成果。

他認為最重要的不該是一次結果論的判定,只要用心,就不會枉費曾有過的認真投入。如今在這個高度整合及人工智慧的世代,彭裕民說,無論身處哪個位置,自我期許永遠是進步的驅動力。或許每個人的模式與方法不盡相同,但帶著這樣的態度,未來無可限量的成長將是可預期的。

彭裕民 67 化工五

- ◆ 工業技術研究院 前副院長
- ◆ 循旭科技 董事長
- ◆ 中華民國科技管理學會 理事長
- ◆ 台灣化學產業協會 副理事長
- ◆ 工研院淨零永續策略辦公室 主任
- ◆ 工研院材料與化工研究所 所長
- ◆ 中國材料科學學會 理事長
- ◆ 台灣電池協會 理事長

專訪影音

堅定信念，決定了就不後悔
困難越多，成功機會就越接近

SKB 辛建文捲門集團
董事長 辛慶利

東南亞第一大捲門製造商「SKB 辛建文捲門集團」主席——辛慶利，1979 年畢業於臺北工專（今臺北科技大學），主修機械工程。學成回到故鄉從事捲門研發設計，花費畢生心血投入高品質、多功能捲門生產製造，爲城市的建築物提供更全面的保護與美化。這是一個關於挑戰現狀、創新改變的故事，也是一個年輕人爲城市發展貢獻力量的開始。

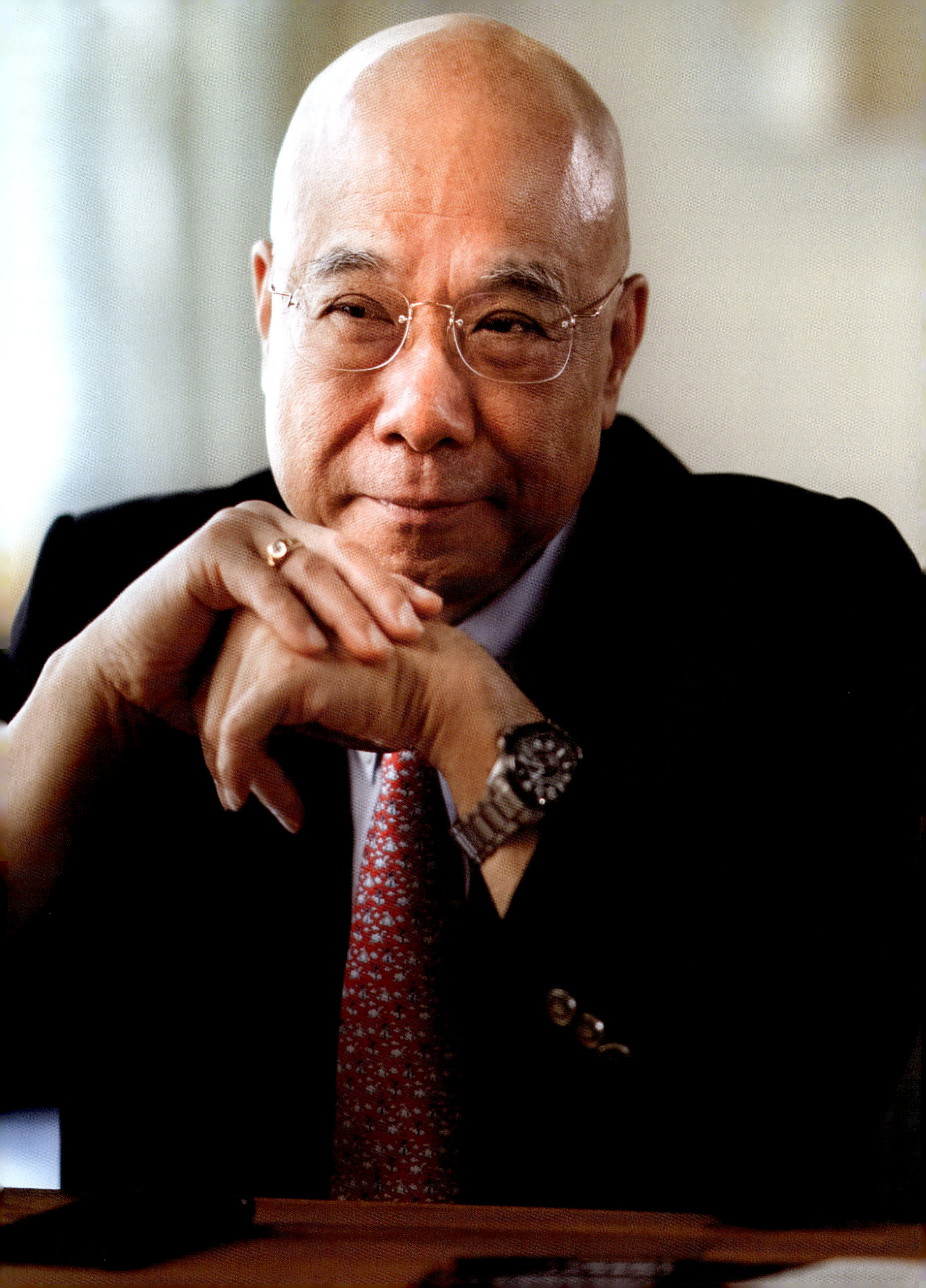

懷抱夢想 力挽狂瀾 勇往直前崛起

自1957年創立以來,SKB Shutters Corporation Berhad(簡稱SKB)始終秉持著品質至上的理念,從最初的鐵閘製造到後來的防火捲門和鋼製門,公司不斷追求技術創新和產品優化。與日本三和捲門集團的合作造就SKB成為東南亞最大的捲門製造商,產品涵蓋捲簾門、鋼製門和智能倉儲設備系統。

1949年,SKB創辦人辛建文踏上了馬來西亞這片陌生的土地,開始了他在異鄉的求生之路。多年來,他從事著各種工作,直到1967年,他偶然接觸到了鋼鐵製造和捲簾門的行業,隨著家庭規模的逐漸擴大,辛建文品牌由此誕生。

辛慶利，辛建文的兒子，是 SKB 的第二代成員。1973 年，年僅 16 歲的他畢業於檳城知名的鍾靈中學，父親送他到臺灣深造，他在臺北工專（今臺北科技大學）機械系接受優質教育。當時，作為英國殖民地的馬來西亞，留學生多選擇前往英國或歐洲，但父親希望他們回國發展，於是辛慶利展開了為期六年的臺灣留學生涯。

回到馬來西亞的 1980 年代，辛慶利懷抱著追求夢想的志向，準備踏上事業發展的征程。然而，留學歸來的他發現，國外留學的價值並不被充分認可，就業前景也相對狹窄。在尋找了多個工作後，辛慶利決定回到家族企業，以他的專業知識和能力幫助企業發展。

當時，辛建文正在經營一家名為「辛建文工業股份有限公司」

的工廠，但工廠的生產方式亟待改進。面對資深幹部的反對和種種阻力，辛慶利下定決心改變現狀。然而，當他在工廠進行整頓時，遭遇了更大的挑戰和阻力。經過左右碰撞後，辛慶利選擇了離開家族企業，前往吉隆坡開展自己的事業。

突破傳統框架 力求產品的升級

初來乍到的他，一開始只能依靠著黃頁電話名冊，逐家拜訪潛在客戶，經歷了許多艱辛。然而，透過近兩年的努力，他終於獲得了第一筆重要的訂單，這也激勵著他更加珍惜眼前的機會，決心繼續向前。

就在這個時候，吉隆坡的建築業正在蓬勃發展，對捲簾門等商品的需求也大幅增加。辛慶利穩紮穩打，銷售逐漸穩定。1982年，馬來西亞首相馬哈迪推動「向東學習」政策，藉由引進日式管理模式、日式工作態度及鼓勵日本企業來馬投資，

包括興建摩天大樓、現代化工廠,砥礪建設馬來西亞整體競爭力。辛慶利的專業知識隨即派上用場,他再次主動出擊,尋求任何可能的合作機會。

SKB 的成功不僅在於跟對時局,更在於公司創始人辛建文打下的良好基礎。辛慶利更將產品品質視為公司的核心,並通過技術創新和生產線優化,不斷提升產品性能和用戶體驗。他堅毅不拔的性格體現在對困難的堅持和對成功的信念,認為困難越多,離成功就越近。他以自身為例,由於自己堅定信念不放棄,不僅讓「辛建文捲門」成為馬來西亞的上市公司,更讓一個原屬於傳統產業,如今已邁向智能化生產,產品銷往世界各國。

辛慶利的韌性充分展現在面對全球疫情的挑戰上,他帶領 SKB 通過重新整合資源和優化生產線實現了可持續發展。公司

不斷更新產品，包括防火隔熱捲簾門、防盜防撞透明捲簾門、防火隔熱鋼製門、智能倉儲設備系統、防爆門和抗沙塵爆捲簾門等，滿足不同市場和客戶的需求，讓集團的業績逆勢成長。

熱心公益 秉持感恩的心回饋社會

除了企業發展，辛慶利也致力於回饋社會，支持華文學校的建設和老人院的照顧，積極參與各種非營利組織的活動，為社會做出自己的貢獻。他深信，企業的成功應該與社會的進步和發展相結合，這也是他一直以來的信念和承諾。

在那個缺乏現代通訊工具的年代，靠著堅定的決心和毅力，

一步一步地拓展了 SKB 的業務。他克服了種種困難，從建築師到承包商，無所不用其極地宣傳自己的產品，並且通過優質的產品和服務贏得了客戶的信任和支持。

隨著時間的推移，SKB 逐漸在市場上建立了良好的聲譽，成為了鐵捲門行業中的領導者。辛慶利不斷地投資於產品研發和生產技術，不斷推陳出新，使 SKB 的產品更加耐用、安全且符合市場需求。

持續創新　善盡社會責任

如今，SKB 已經發展成為一家擁有豐富產品線的企業，除了鐵捲門外，還提供防火捲簾、百葉窗、防火與非防火鋼門、鋁窗與遮陽系統等多種產品，滿足了住宅、工業和商業等不同領域的需求。

辛慶利也保證未來將繼續秉承著創新和社會責任的理念，不斷提升產品的品質和技術水平，為客戶提供更好的服務。同時，他們也將繼續回饋社會，支持社會公益事業，為建設美好社會作出自己的貢獻。在辛慶利的領導下，相信 SKB 的未來將更加美好。

　　SKB 的品牌創業故事就像是一部感人至深的傳奇，是馬來西亞企業界的一顆璀璨明珠。他們的奮鬥和堅持，彰顯了華人移民的勇氣和智慧，也為馬來西亞的繁榮和發展做出了重要貢獻。讓我們共同期待 SKB 未來更加輝煌的明天。

辛慶利 68 機械五

- SKB 辛建文捲門集團 董事長
- 馬來西亞北科大校友會 理事長
- 檳城留台同學會 榮譽顧問
- 雪隆濟陽辛柯蔡宗親會 名譽會長
- 馬來西亞台商並台商會 ESG 環保顧問

專訪影音

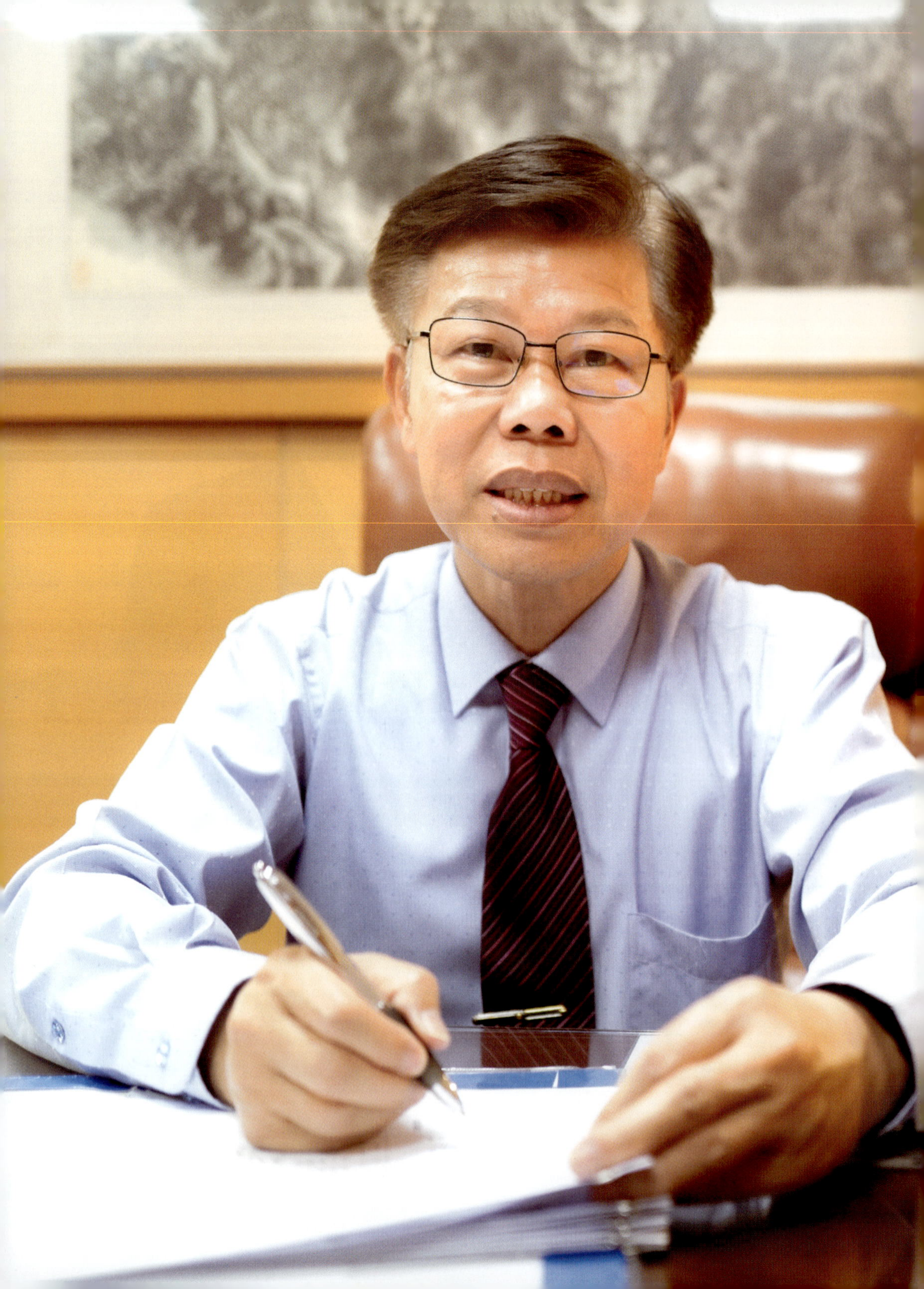

永不放棄 勤勞自律
全臺纖維大廠的奮鬥奇蹟

聚隆纖維股份有限公司
董事長 周文東

　　聚隆纖維創立於 1988 年，歷經了市場景氣的高峰與金融風暴，透過扎實的專業能力與經營手腕，周文東董事長凝聚團隊，走過低潮、屢屢創造佳績。他運用過去在台塑集團台化彰化廠所累積的經驗，加上敏銳的市場嗅覺，以為客戶代工、收購老廠、專注研發的方式，周文東攜聚隆纖維，從低谷一步步走向業界大廠。在當前環保意識抬頭、疫情衝擊全球的情況下，順應變遷，生產環保纖維、進入口罩市場，以多樣化的終端產品，聚隆作為全臺最大的尼龍加工絲廠，成功立足於紡織業。

累積實務經驗　掌握市場先機

　　出生在彰化縣溪湖鎮的周文東，因為從小家境清貧，兒時跟著家長打零工，對童年的回憶只有做家事與賺錢；甚至一度因經濟因素而打算中斷求學路，在學校師長的鼓勵下，他憑藉過人的意志力、一步步替自己規劃實踐，為了不辜負家庭的期待與承擔家計的想法，不論是升學聯招或軍官考試，都因他自律的個性，得以達成目標。退伍後，周文東首先進入台灣松下就業，後來選擇回到故鄉兼顧家裡，進入台塑集團的台灣化學公司（台化），結合過去在臺北工專機械工程科的訓練，從當生

產線主管開始，累積專業及英文知識，一度回到機械本科設計工作，後來更是擔任新廠區的全廠規劃。一方面，他親身見證了台塑創辦人王永慶「成本合理化」及「追根究柢」的經營理念與嚴格要求指導，養成面對工作兢兢業業的態度，另一方面，也在和外國技師工作的過程中吸收了不同的做事素養。

在資本密集、技術密集的化學纖維行業中，周文東迎來了創業契機，先是同事邀請他投資與提供技術，接著是主管想做尼龍廠，和他合夥入股；從物色適合的場地，到併購設備並整理維修，在小規模的生產線中，他運用過去積累的經驗，以提升速度與機械組合的模式，成功提高單位產能，讓成本更有競爭

力。當時看準了市場的發展潛力，在財務上有現金流、逐步將核心舊設備換新後，公司的市場占有率也不斷擴大。

步步為營 經歷低潮起死回生

因為前十年的企業經營，周文東的尼龍廠十年內就迎來掛牌上市，然而，因為財務管理的內部控制問題與外部資本市場的運作，當時主管因應金融風暴，用公司所有盈餘護盤，甚至原先是為投資其他高科技產業所成立的子公司都轉而用來買母公司的股票，導致被放空，銀行也選擇抽掉公司銀根。周文東在困境中被股東們推出來，但他決定不要放棄、努力撐起危機中的聚隆，每週和銀行協商、找外部資源，透過讓利替客戶代工，

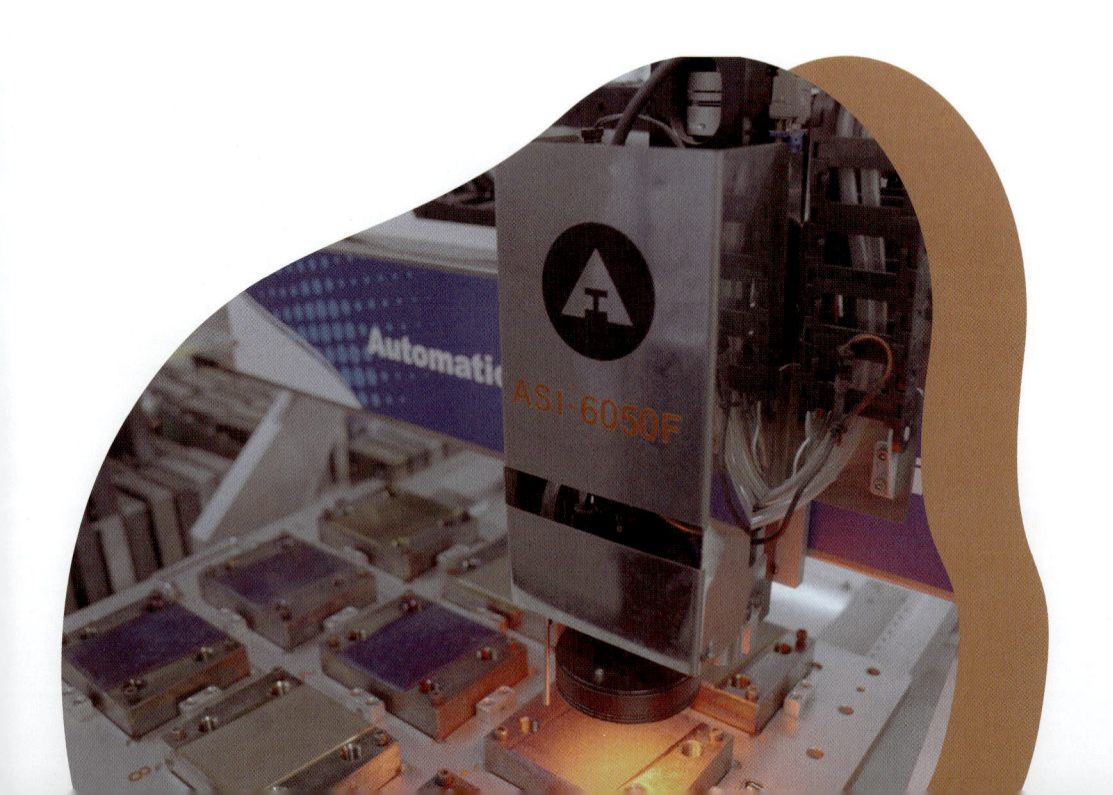

在虧損情況下慢慢創造現金流,得以發還員工的薪資、補息給銀行,並且分期還錢給原料供應商們;在如此經營模式維持三年後,公司才逐漸回穩。

創造現金流,讓聚隆可以從谷底重新出發,是周文東當時的最大方針。因此,為平息經營權的爭鬥,與防止市場高價買走其心血,他選擇和外部董事和解共生,專職做總經理、退出董事長職位,透過共同控管,建立彼此的信任。再者,和銀行協商的過程中,利息逐步下降,他將所欠的 28 億本金在九年內還清。最後,想達到內外共同配合,所有同仁的向心力必不可少,贏得各部門同事的信任、銀行與客戶對公司的信心,這是透過周文東經年來、每週不懈怠地和各方協商執行方案所建立起的基石。

掌握綠色趨勢 產品多樣化

　　公司逐漸穩定後，開始進入擴充與收購同業廠房的階段，包含 2009 年的斗六廠與 2012 年的二水廠等。其中，產品的競爭力至關重要，由於是製造起家，在生產線上，聚隆擁有設計與成本結構很好的主力產品，不僅研發出「極超細纖維」申請專利，還進一步成立了部門「聚茂科技」專做延伸的終端產品；如今，聚隆二水廠是專門做環保纖維素長纖絲的廠房，更是全世界第一個量產的工廠。

　　目前，除了加強行銷與做產品認證以外，為順應疫情帶來的市場需求，聚隆也投入進健康醫療方面的產品研發，比如口罩用的熔噴布，並且成為口罩國家隊之一。不只是針對短期的剛性需求，著眼於口罩長期的醫療性定位，聚隆因此申請到醫療

等級水準外,還會持續擴展至空氣清新機與汽車清淨濾材的市場。周文東認為,為了經營持續壯大,組織必須複合化,以達到產品的多元性。

同時,聚隆還持續發展綠色產品,包含可自然分解的「木漿纖維」、可節能減碳的「原液染色尼龍纖維」,減少廢水的同時,維持顏色牢固性、「生質尼龍纖維」則是透過植物提煉,降低使用石化資源。此外,國內只有聚隆獨有的技術,以複合纖維與超細纖維技術延伸出的「抗靜電聚酯纖維」,聚隆致力在研發各種特殊紗線。

自律與習慣養成 不錯失機會的成功心法

周文東認為,進入技職學校的學生,若要有競爭力,克己勤勉是最大的成功法門。在資本與技術密集的產業中,他認

為，如何將學校所教授的普遍性基礎知識，應用到企業實務的專業性上，需要個人融會貫通後做系統性的轉換，這需要不論處於何地，不間斷的自我提升與學習。也就是說，必須培養自我的規律習慣，比如他會督促自己維持看書、運動等良好作息，不斷吸收與閱讀管理類型、專業相關的書籍；為應對瞬息萬變的市場，鑽研提升自己，汲取一切能在自身行業上帶來突破的知識是必要的。換言之，設立目標、維持紀律、努力上進，亦能成功。

周文東 66 機械二

- 聚隆纖維股份有限公司 董事長
- 聚泰環保材料科技股份有限公司 董事長
- 聚茂生技股份有限公司 董事長
- 台中市磐石會 會長
- 台灣人纖公會 理事

專訪影音

四十年精準工藝，超越國際
活動扳手 登上全球前三

伯鑫工具股份有限公司
創辦人 / 總經理 吳傳福

　　伯鑫工具是一家擁有近四十年歷史的手工具公司，通過不斷挑戰自我，成功地保持了成長動能，並在去年創下了營收的新高峰。能獲得這樣的成就，源於伯鑫的創辦人暨總經理吳傳福，加上年輕二代的經營團隊，勇於挑戰傳統與持續不斷地突破自我。

VE FOR
POSSIBILITY
EXC
Ratcheting
FasWrench
8"
Ratcheting
Adjustable Wrench

勇闖商海 創業之路萌芽起點

　　從小夢想成為企業家的他，始終堅信「挑戰越大，前途越廣」的信念。在 29 歲那年 (1984 年) 創立了伯鑫工具股份有限公司 (Proxene Tools)，專門以活動扳手作為主要生產項目，其中自行研發的 ODM 比重超過 85%，致力於開發高階手工具產品；如今已成為亞洲最大、全球前三大「工業級活動扳手」專業製造廠，全球市占率約 25%。並榮獲德國 iF 設計獎、Reddot 紅點設計獎、日本 G-Mark 設計獎，以及「臺灣精品金質獎、銀質獎」等殊榮。這些肯定皆彰顯了伯鑫在手工具領域的卓越地位，被譽為臺灣手工具業中的翹楚。

故鄉到都市 挑戰與堅持的求學路程

　　民國 57 年吳傳福免試進入當時臺中縣立神岡國中就讀，屬於九年國民義務教育的第一屆學生。由於在校表現還算優異，成績也一直排在該屆的前五名內，因此老師們對他寄予厚望。

　　高中聯考前一個多月，因為沒有補習班的資源，只能靠自己在家自修，缺乏團體競爭的氛圍下，使得聯考結果未能考上高中第一志願；後續又轉戰北區五專，但成績仍不如預期，最後在僅剩的三週時間轉戰報考臺中高工，吳傳福全力以赴，最終如願考上。

　　回想當時選擇科系的情況，吳傳福表示：面對眾多選項，對於一個國中剛畢業的學生來說實難抉擇，而家中父兄都是種田的，也無法提供意見；最後選擇了排名最前面的機工科

（以為排名第一就是最好的科別，殊不知機工科是因為學校最早成立的科而排前面的），就這樣懵懵懂懂的進入機工科就讀。由於工科實習成績優異，老師對他寄予厚望想要他參加全國技能競賽，不過他希望除了技能方面的專業外，也能兼顧課業及升學，因此將機會讓給了其他同學，自己努力加強學科知識。高三畢業前，他以班上前三名成績順利考上臺北工專（現為臺北科大）機械工程科／製造組就讀，終於能踏進三年前未能考上的北區五專第一志願首選學校就讀。

　　吳傳福進入臺北工專後並未鬆懈，他記得有位老師上課說：「人家大學四年的課程，你們必須在二年把它讀完。」一般人想：即使是天資異稟者都不一定能辦到，何況是凡人。吳傳福覺得一定得更努力讀書，別無他法；另外，北上唸書也意味著花費更多，若不幸被當掉重讀，豈能對得起鄉下的父母，所以

他積極完成學業不浪費家人提供的資源。在學校裡也觀察到許多來自鄉下的同學，秉持著同樣的信念前來追求學業上的成就。當時整體校內氛圍極佳，老師對上課態度要求嚴格，他提到有一位教機構學的老師常說的「稍縱即逝」用語，還很清楚地烙印在他心中。身處在這樣的學習環境及師資水準，再加上吳傳福自律的性格，兩年的扎實學習奠定了他未來工作和創業之路的堅實基礎。

跨越挑戰　鑄就創業之路

　　吳傳福畢業後即展開義務兵役，在一年十個月的預備軍官服役中，將吃苦當作吃補，當作是上天在考驗自己。在領導方面也獲得了豐富的經驗。這些經歷也為吳傳福日後創業在帶人方面奠定了基礎。

民國 67 年中服完義務役後，吳傳福曾任職於臺中一家頗具潛力著名的汽車輪圈公司工作，之後到台化公司並參與耐隆廠的擴建案，當時擔任一名助理工程師，負責二千多萬的擴建預算，應用從學校學到的應力、材力知識，為公司節省將近新臺幣 300 萬的大型儲槽設備投資費用。一直以來秉持台塑企業「合理化、追根究柢、不斷改善」的精神處事，對自己日後的創業也助益良多。

儘管在二十五歲時曾有創業的念頭，卻在短短三年內連續失敗兩次。然而，挫折並未擊垮他，反而激發了他更加堅韌的決心；當他得知臺灣的活動扳手業正面臨技術瓶頸時，吳傳福決定再次挑戰自我。雖然過往的經驗都只是與加工相關，但渴望打造一款完全由自己開發的產品，即使過程充滿困難也在所不惜。

吳傳福了解到活動扳手為異型幾何形狀相配合，包括圓孔和溝槽，技術上雖是軸、孔配合，但每支的角度與精度皆需完美搭配，製作一支不難，但要做上百支、上千支，又要有互換性，就有困難。他是在創業後投入了整整八個月的時間，最終才成功建立了一套標準化的生產流程。

　　年僅二十九歲的吳傳福在創業途中，透過標互助會、貸款及親友、老師的援助才籌措到應急資金，因為創業之初根本不知道共要投入多少錢，也不知道何時才能成功，只能咬緊牙根走一步算一步，但仍堅持產品唯有「品質第一」才是企業生命所在，這份信念讓伯鑫所生產的活動扳手遍布全球，在國際市場發光發熱。

永續使命：吳傳福與伯鑫工具的產業影響力與使命

對吳傳福而言，公司與個人最重要是要秉持「誠信」、除了提供優質產品，更需保有利他的精神。

「誠信 Integrity(I)、利他 Benefit Others (B)、團隊 Team(T)、創新 Innovation (I)」是伯鑫公司一直以來的企業文化，也是個人的信念；P(伯鑫) for Promise, We promise IBTI；唯有互利共榮，產業才能蓬勃發展。

吳傳福除了一直致力於公司的永續經營外，他期望能以自己的經驗加速傳承給公司年輕同仁接棒，同時也繼續與理念相近的同業，一起努力、共同建構在國際上更有競爭力的綜效夥伴團體。

他希望國家經濟的主要掌舵者，不僅要繼續發展臺灣半導體的優勢，也要同時兼顧發展其他傳統產業。手工具雖然年出口額只有新台幣 1200 多億元，但卻也是國家重要的基礎產業，舉凡半導體、航太、鋼鐵石化業、陸海空國防皆不能沒有它；不同產業都要均衡發展，才能避免出現部分經濟問題，期待國家也能在發展機遇上追求均衡。

吳傳福 65 機械二

- 伯鑫工具股份有限公司 創辦人｜總經理
- 越南西寧省富基責任有限公司 董事長
- 數泓科技股份有限公司 董事
- 臺中市政府 市政顧問
- 臺灣手工具工業同業公會 榮譽理事長
- 臺中市國立臺北科技大學校友會 副會長

專訪影音

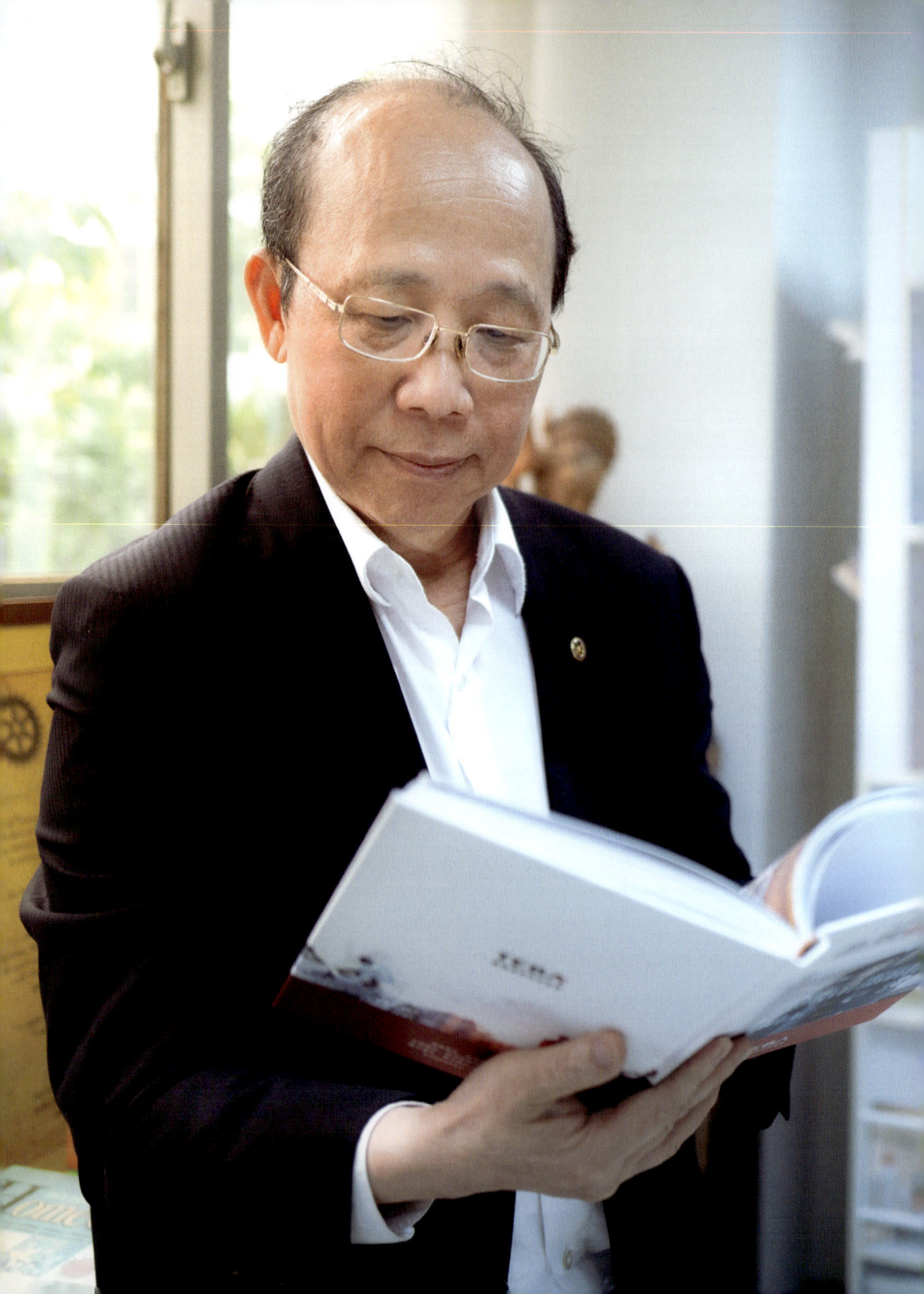

綠能科技產業佼佼者
以身體力行，積極推動環境永續

尚磊科技股份有限公司
創辦人 白陽泉

　　對於臺灣這片土地的珍愛與使命感而創立的尚磊有限公司，隨著全球環保意識的提升，以行動積極地宣揚環保永續，水資源重複利用，成為綠能科技產業的佼佼者。

　　尚磊科技除了是臺灣第一家專業離子交換樹脂再生工廠，也提供 Class1~10000 無塵洗淨服務、各潔淨等級無塵室耗材產品及高科技產業客戶全方位服務，持有品質政策 ISO9001 認證與環境政策 ISO14001 認證，以永續發展理念、提升環境產品品質、拒絕製造汙染、減量回收再利用及實踐環保承諾等訴求，以環境品質為宗旨，維持社會的正向循環。

單親家庭長大 不畏環境劣勢而屈服

　　從小在汐止出生的白陽泉，小時候祖父輩經歷礦災劇變，幾乎全部受難，祖父雖活下來但身體健康欠佳，便由祖母帶著父親長大。後來搬到臺北，父親忙著創業，母親早逝，是由祖母一手把他帶大的，又因為父親創業總是失敗，從小他必須靠自己賺取學費。在臺北工專上學的時候，每年暑假的時間都花費在外面打工，家教、送報紙、清潔打蠟工、泥水工、機械鉗工工廠等，手腕還曾經被砂輪割到見骨、趴到工地燙傷，全身布滿傷痕......日復一日，但只要支撐到暑假結束後就可以賺到學費、午餐費和交通費，這樣的生活一直持續到畢業為止。

當初攻讀礦冶科的白陽泉，原本心裡想著這個科系沒有人要念，出來後一定有工作，誰知畢業時，只有一家工廠在徵人，需要採大理石、石灰石，臺灣的金礦油礦是政府在經營，剩下的煤礦政府不管，後多由澳洲、越南進口，臺灣煤礦幾乎停產，讓他非常擔心找不到工作。最後一家水處理的公司，需要礦業的人才，本想說水跟礦沒有關聯，這臺北工專的這五年白念了，結果老師跟他說：「水就是礦，水是世界地球上最多的礦，有三肽，有異態是水，固態是冰，氣態是雲，是水蒸氣，它就是礦物。」讓他意外踏上另想不到的人生道路。

因緣際會跨領域發展 找出天命所在

　　進入公司後，意外發現臺北工專上學那一會所學的知識，全部都能派上用場，化學分析中的定性分析能用來做水分析，礦山機械可以用做水處理的環保機械，以及使用濾材的選礦等等，過去所學的知識與技能讓他在新領域如魚得水，彷彿過去布局早已鋪陳許久，只是等待他踏上人生使命的道路所在。白陽泉的一生都與水特別有緣，就連名字也是如此；姓白，後面陽泉等於是淨化世間所有的水，出生在汐止也是充滿水的地方，當兵時期被派海軍陸戰隊也是水，現在公司位在內湖也是水，工廠在龍潭也與水息息相關。「其實我覺得有時候人要走什麼路，都是命中注定的，不是自己想怎樣就怎樣。」白陽泉感觸頗深。

校友間彼此團結互信 讓北科品牌青史流芳

　　原考上建中夜間部的白陽泉，因為爸爸朋友的建議，在考試前一天才決定臨時報考臺北工專，最後很幸運地被錄取，當時跟高中比起來，工專讀完出來就可以直接工作，學校的名氣一直都是很大的，也是品質保證，學生個性大多勤勞認真，校友間彼此很信任，不論是在學校或是出社會後，都很照顧彼此也樂於分享機會，前輩提攜後輩，對於未來的路會好走很多。

　　白陽泉對於學弟妹的建議是實做重於理論，多去嘗試才能知道你自己的天命所在，知道自己喜歡什麼、適合什麼，去發掘你的需要，發掘你的方向，再去補充精進，好好磨練自己，活

到老學到老是必要，所經歷過的挫折，要使用勇氣去克服，茫然時若能多一份堅持，也許就能看到不同的風景。北科現在的校結盟發展得很完善，不管是亞洲還是世界排名一直在往上升，都得感謝校友們一路以來的支持。從北科畢業是一種榮譽，要有信心跟堅持，工專的精神就是認真、簡樸、勤勞，多參加社團與人接觸，走出自己的領域，與社會的脈動一致。

環保永續意識抬頭 以積極行動帶領後輩

樂天知命肯拚的白陽泉，從基層做起，在人少的公司裡什麼都要學，從掃地、印估價單估算成本，到設備製造、安裝試車全部都得會，機械熟設計也會了，便開始跑業務做生意，簽約

設計試車收款一條龍全學。後來離開公司與過去夥伴創立十大水工，民國 66 年底創立公司，直至現在快 50 年，歷經理念不合股東重組，盈轉虧等各種情況依然撐下來。從用水處理到廢汙水處理、回收水處理等，各種產業範圍擴大到韓國、印度、華僑及印尼工廠等，現在是臺灣水處理公司裡面十大環保工程中做最多且範圍最廣的。再來環保意識抬頭，臺灣開始重視這塊，白執行長免不了受到後輩的質疑，在 40 歲時毅然決然到荷蘭進修，專攻環境微生物的後續處理，著實令人敬佩，真是活到老學到老，不停精進自己追求進步的最佳寫照！

也因此之後有幸被推為環保設備工會的理事長，後續接任教育基金會舉辦募款回饋於社會，是對人生處處充滿感恩與珍惜的白執行長的實際行動，決不會只有紙上談兵。除此之外，帶領工會去國外拓展、去各國辦展覽，產業符合近零排放及水資源重複回收利用，以積極的行動去推廣環保永續及生態環境維護等，精神著實令人佩服，讓世界充滿良善的循環，當然也得到政府的大力支持。

　　「你一個人能夠活起來，在社會立足，再有一番成就，你要感謝一路所有栽培你的人，包括刺激你的人。」對生活中一切充滿感恩是白陽泉的人生態度，他認為人只要堅持，一步一腳印，屹立不搖地走下去做下去，一定會成功！

白陽泉 60 礦冶五

- ◆ 尚磊科技股份有限公司 創辦人
- ◆ 臺灣環保設備公會 理事長
- ◆ 台灣環境保護營造公會 常務理事
- ◆ 臺北科大材資教育基金會 董事長
- ◆ 台北艋舺扶輪社 社長

專訪影音

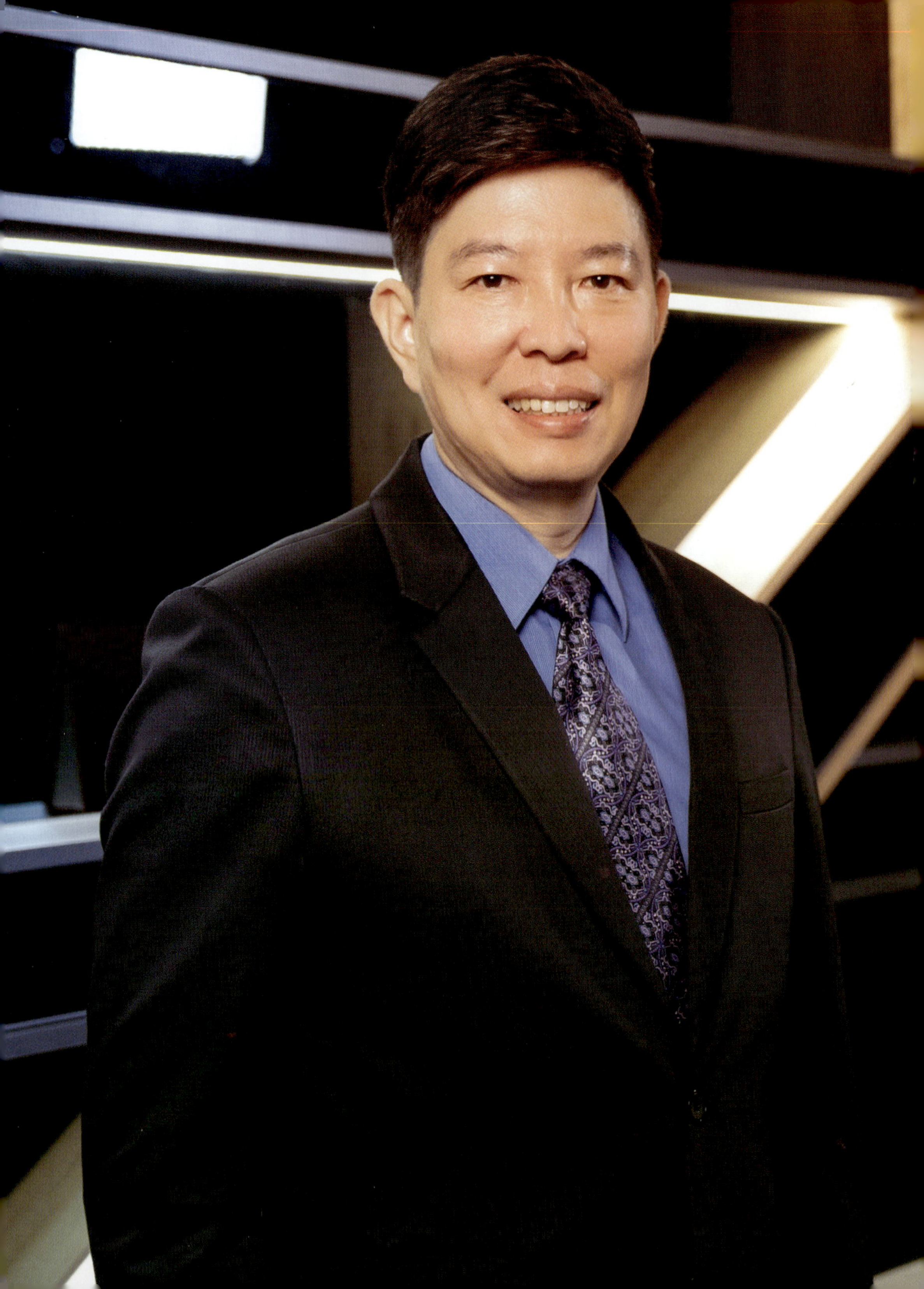

廣納建議
聚善流成就創業先河

志鋼金屬

總經理 郭治華

　　從小在眷村成長的郭治華，是外省第二代，父親隨著部隊來臺，當年家庭在政府安排下，父母分別在軍用鞋工廠擔任技術員、操作員。郭治華的父親藉由個人經驗，向他叮囑：「萬貫家財不如一技之長，沒有什麼可以給你，但鼓勵你去學個技術，未來能養活家庭。」這樣的觀念深深影響郭治華，因此他將志願定在「飛機修護科」。無奈高中聯考差強人意的成績，讓他只好「拐個彎」選擇同屬技職體系的臺南高工「板金科」就讀。

百分之九十九的努力　前進夢想校園

　　進入高工，郭治華憑著對於「精進技術」的執著，課餘時間，他比同儕更加勤奮地在工廠練習。高三時，他在一場全國工科學生技藝競賽裡獲得金手獎榮耀。然而，高職畢業即就業的社會風氣，郭治華一畢業，便直接進入學校媒合的企業電機板金工廠上班。

　　作為生產線的初級作業員，某次郭治華發現，每次辦公室廣播，由於學歷差距，每個人在廣播裡的身分，竟有尊稱職務與直接稱呼姓名的差別。這時他才明白，在業界中，「學歷」仍是一項重要指標。遙想到未來的就業發展，郭治華當機立斷，認為繼續升學才是對自己有益處的決定。於是他聽從老師建

議，在學科能力較無競爭性的前提下，選擇靠「參加全國賽加分」，力拼當時高職生保送第一志願臺北工專的機會。帶著這樣的決心與規劃，郭治華順利在全國賽中獲得銀牌，眼看夢想更靠近，他繼續加緊讀書準備。聯考放榜，不負眾望的錄取臺北工專機械科設計組。

近朱者赤 向室友學習讀書秘訣

然而，因為技能保送臺北工專之故，一入學，郭治華便在第一場期中考試中驚覺自己學業上的不足，11門考科中，僅有2門科目及格。儘管有心調整，接連的第二次大考，仍是差不多的結果。

就在他苦惱之際，又面臨下學期沒有抽中學校宿舍，班上學科成績第一名的同學，突然自告奮勇找他一同租屋。我問：「為什麼會找我呢？」原來，對方早已細心觀察到郭治華在術科課

堂上的認真態度與優異表現。一位是讀書專精，一位是技術專精，兩人都有能向對方學習的資源，而這正是該位同學提出合租邀請的緣由。

合租後，郭治華效法對方，嘗試改變讀書方式：課前要預習、課中做筆記、課後勤複習、考前再練習，如此同樣的內容讀了四遍以上，念讀的記憶自然更加清晰，終於在二年級的考試裡，再也沒出現不及格的成績，也奠定日後就業再進修攻讀管理碩士及文創博士的基礎。

生命的多重交叉路　聆聽建言及時轉折

臺北工專畢業後，為了照顧母親，郭治華選擇回臺南尋求工作。他的第一份工作，是在家裡附近的割草機、抽水機設備公司擔任推廣業務員。行銷找到合適的客戶，郭治華靈機一動，想起母校可能會需要添購這類設備，便回校拜訪高工師長。

老師一見他從事銷售工作,眉頭深鎖的表示,努力學習技術,最後卻選擇銷售的工作,不覺得可惜嗎?隔天,老師立刻將郭治華介紹到另一間板金加工廠擔任工程技術員,郭治華馬上辭掉行銷工作進入鐵工廠內,郭治華憑著當年勤練板金技術的習慣,相當受到老闆賞識,短短一年即升至總工程師。

　　工作一陣子,想不到臺北工專的同學竟找上郭治華,又給出建議:何不找一家待遇優渥的上市櫃公司?或者進入公家機構擔任公務員,也比在一家小鐵皮工廠做事來得好。

　　郭治華一聽,覺得頗有道理。經過半年的準備,順利在術科、筆試與口試中過關斬將,以第一名的佳績錄取中科院航發中心的技術專員。正式報到前,郭治華再次拜訪當初替他介紹工作的師長。老師一聞他決定轉換跑道,再次沉下臉,告訴他:「以

公務員的收入來說，薪資成長空間是固定的、是計算得出來的。但你有純熟的技能與機械知識、設計專業，完全是別人搶不走的創業資本，工作雖穩定但依你的狀況何不去嘗試為自己人生衝一波，選擇創業，未來才是無法估量的啊！」

　　念頭一轉，郭治華認為老師的建議很好，但創業並非一蹴可幾的事，二個月後他碰巧遇到同學們商討創業藍圖，並邀請一同創業，他馬上答應，在籌備過程中，每個人也未立即放棄原先工作，而是很有默契的，訂好在差不多的時間點離開原公司。因一群人皆志在鋼鐵，更因鋼鐵事業重聚，「志鋼金屬」在大夥的期盼下，成為公司草創之名。

傳產融合社會價值　產業升級饒富魅力

　　創業不乏艱辛，志鋼金屬剛成立時，臺灣產業正面臨一波波朝中國、東南亞地區外移的轉換期。於是，志鋼調整經營模式，

嘗試在少量、客製化的訂單中，以精緻生產技術滿足客戶需求，以根留臺南、布局全球為經營策略。當一位客戶滿意，知名度便一傳十，十傳百，慢慢建立起來。

而真正讓志鋼轉虧為盈的關鍵，是臺南科學園區的建立，擁有「近水樓台先得月」的志鋼，因位於臺南永康區的地利優勢，開始接到大量南科廠訂單，加上後來開發的外銷市場，加總起來，志鋼終於站穩腳步，開啟蒸蒸日上的新氣象。

此外，志鋼金屬有一座特別的觀光工廠──臺灣金屬創意館，結合多元文創內涵，以教育、傳承、文創、體驗為宗旨，不僅是民眾假日前往參觀的娛樂城堡，事實上，這個觀光工廠也身負「傳承板金技術」的重責。原來，就業市場改變，各學校的板金科被迫停招，在母校師長的建議下，郭治華順應學校需求，讓觀光工廠成為與學生介紹「精密板金產業」的最佳典範教室。

志鋼金屬還特別成立「臺灣第一家」由勞動部輔導特例子公司，目的是為了規劃給身心障礙者，在經由適性訓練或是職務再設計後，能具備精確工作產能，成為生產線上的積極力量。而近年，永續主題熱議，志鋼金屬當然不落人後，在產品製造上，與 ESG 環保相關的投入紙杯回收機、寶特瓶回收機外殼、無人商店料架、儲能設備充電樁、AI 設備機殼等等尋求更多商機。

熱情是支持創業的動能 夥伴是堅持創業的齒輪

回歸創業這件事，郭治華認為，熱忱是支持理想前進的最大動能；合適的工作夥伴則是匯集這項動能的連接齒輪。當公司企業愈穩定，郭治華盼望能將志鋼帶往「社會企業」、「精密板金」、「觀光工廠」三種面貌的楷模企業發展。讓公司不單是盈利為導向，還能透過輔導制度，建立社會弱勢能安心就業的良善環境；亦或藉由務實、永續的產品研發，為大眾環保生活帶來正面效益。

最後，郭治華強調，身為決策者，莫忘員工是公司最重要的資產。他深知，公司的成功無法憑藉一己之力實現，每一位在崗位上盡心盡力的員工都是志鋼營運不可或缺的功臣。打造尊重與信任的工作環境，回饋社會、永續經營以利他企業為目的，方能真正為公司的持續發展奠定堅實基礎。

郭治華 80 機械二

- ◆ 臺北科技大學校友會 第八屆總會長
- ◆ 志鋼金屬 總經理
- ◆ 總統教育獎 評審委員
- ◆ 全國技藝競賽 裁判長
- ◆ 中華民國觀光工廠促進協會 理事長
- ◆ 台南市好人好事運動協會 理事長
- ◆ 臺南高工文教基金會 董事長
- ◆ 長榮大學金屬創新工藝中心 主任 / 教授

專訪影音

出生平凡卻不平凡的人生
小小連接器
連結臺灣產業的世代奇蹟

喬訊電子
創辦人 張水美

1985年張水美創立喬訊電子，專做電子連接器。從模具設計，射出、產品及沖壓自動化，皆由她一手包辦。回憶創業初期，公司內部共五位員工，直到順利拿到國際安規與專利後，生意便源源不絕，訂單應接不暇。她勉勵年輕人不要侷限自己的學習，每一次成功或失敗，都是讓自己經驗值更加乘的關鍵。而且要做，就要做到最好。她說這些堅持，皆讓她在事業版圖上，自然與客戶端形成深厚的信任關係，並帶來正面影響力。

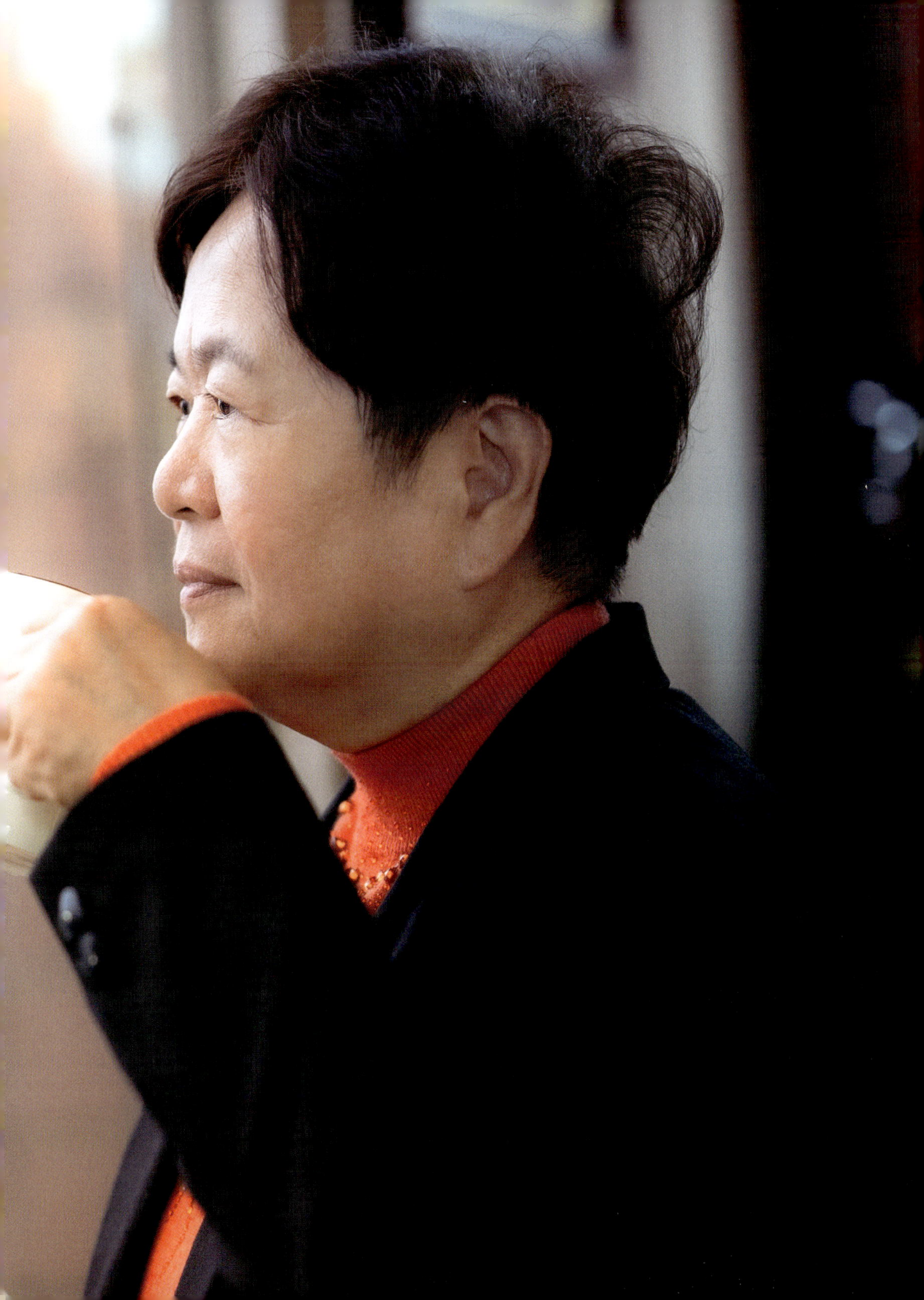

臺北工專是她一展數理長才的訓練基地

　回憶幼時求學經歷，張董事長說自己天生對升學考試有不錯的能力，因此成績大多能維持在全校十名之內。她也愛好運動，排球、擲壘球競賽，都曾在場上締造佳績。隨著升上初中，學業壓力漸重，她將紓壓的管道轉移到音樂上。笛子、口琴、洞簫是她最拿手的三項樂器，當時五燈獎節目推出，還曾被邀請上電視台表演，因課業繁忙及父母親反對所以作罷。音樂的興趣對她來說，雖未給予後來成就具體的助益，卻陪伴她度過大專時期在北部生活的無數寂寥光陰。

　鑒於原先就對理工科目較為興趣，在爸爸的建議下，張董事

長以理工學校為目標，後來也如願考進臺北工專電子工程科就讀。

在臺北工專的訓練，雖然讓學生們都吃盡苦頭，但也間接使得畢業後的他們養成了活躍的思考與邏輯推斷力。

張董事長說：「學校確實就是品質的把關，所以畢業後有著『臺北工專』的學歷不怕找不到『頭路』。學生時期紮實的實作與學業要求，讓我們養成實事求是的精神與堅毅的性格。臺灣經濟能有後來的發展奇蹟，臺北工專功不可沒。」

外商職場 拓展意想不到的世界觀

畢業以後，張董事長進入日商台昭(台灣昭和公司)工作。日商環境講究專業性，在那個女孩子就業環境不理想，薪資更不如男性的年代，她是同事間唯一的臺灣女孩子。

後來告別日商，美商(雅聞)公司是張董事長工作的第二站。不同於日商的 APPLE 硬體設計，他們製作的產品是一款在太空署上使用的衛星傳播器。一進公司，張董事長便被派去品管部救援。原來公司內部的生產線，長期有「產品不良率」居高不下的問題，這個無心插柳的轉折，卻使得張董事長從此累積了品管生產與危機處理的經驗。

待過兩間外商公司，對張董事長影響深遠，她說，也曾有台商挖角她，未料進去工作不到半年竟非常不習慣。因為台商的管理系統在尚未數位化前非常凌亂，這也讓她對於臺灣工業的「管理階層」應該更先進、具有更系統化的改革有著深深的反思。

取得安規 讓 MIT 連接器熱銷臺灣海外

關於「創業」的轉捩點，發生在張董事長代表公司前往德國慕

尼黑參展。這個展覽讓她發現，原來「連接器」的單價很可觀，一個念頭悄然升起：「這麼簡單的東西，為什麼要仰賴進口呢？」察覺臺灣工業大廠不可缺乏的連接器，盡是仰賴進口，卻沒有人跳出來設計、生產，讓她在心中埋下一顆決定創業的思想種子。

　　1985 年，辭去原本工作的張董事長成立喬訊電子有限公司，之後增資為喬訊電子工業股份有限公司，專做電子連接器。從模具設計射出、及產品，沖壓自動化，皆由她一手包辦。然而萬事俱備，卻差一件事沒做──沒有人相信她們出產的連結器是好的。這個看來渺小、容易被人遺忘的連接器，雖只是一個小零件，卻足以撼動整台機器運作的順利與否，它就好比一座橋；任何電流都要通過它才能串聯過去，當這座重要的連結斷

了，整個主機都可能當掉。但在當時，台版連接器前所未有，使得他們即便產品做出來了、單價也比國外低很多，卻沒有人敢來使用。

　為了讓更多人信服喬訊生產的連接器是可以用的，張董事長將產品拿去德國、美國、加拿大和日本取得「國際安全規準」，只要有了這個安規標章，產品就能進入到各大市場，讓客戶買單。起初，張董事長也被客戶開玩笑問「安規怎麼『弄』來的？」因為對當時的臺灣環境來說，取得安規太難得，反倒讓人不敢相信流水號的真實性呢。

時勢造巾幗英雄
正義感與同理心是對社會的「責任」

　回憶創業初期，公司內部共五位員工，張董事長投入在外商工作累積的積蓄，並請父母北上幫忙連接器事業。等到順利拿到安規與專利後，喬訊生意便源源不絕，訂單應接不暇。在公

司營運的第二、三年,收益逐漸穩定,她也請妹妹從國外回來,幫忙拓展國際市場的版圖。於是,香港、馬來西亞、新加坡等國家也陸續設立了分公司。

　　雖然那時到處都在催貨,忙得天翻地覆,但張董事長承諾,只要是答應的訂單,喬訊一定讓客戶能準時拿到貨。因為自身對專業與品質的堅持,再加上獨到的格局眼光,張董事長讓原本排隊拿國外生產的連接器大廠牌,像 Panasoonic,Sony,羅技,Funai(船井),日立, PROTON……都因為有了安規保證的加持,決定訂單轉向喬訊購買;一用便成主顧,穩固的合作關係便因此建立起來。

　　草創期的辛苦之路,讓張董事長明白創業維艱。因此,合作過程倘若遇到新創公司,一聽是資金周轉問題,在會計那

關過不了，即使不認識，還是會默默選擇讓他們賒帳，給予多一些彈性。

幫助中小企業的心，就如同張董事長對待母校的付出，當北科大 (臺北工專) 的土地不足，她義不容辭召集校友們同心協力，為學校爭取校地，並自願到各大媒體發聲……在過程中，張董事長體會到「施比受更有福」，她說，被需要是一種成就感，這就是她最感到滿足的地方。

給年輕人：認清方向 就勇往直前吧！

張董事長也時常鼓勵身旁的校友們，行有餘力就捐款給學校做建設，或是讓清寒的學弟、學妹有獎學金可使用，學習路上，不必要的阻礙愈少理當愈好。

關於給後輩的話，張董事長說，她始終覺得，腳踏實地、實事求是的精神，即使世代更迭，也不可缺乏。每個人都有擅長與不擅長的地方，在有把握的領域上堅持、積極進取，才可能有被看見的機會。萬事起頭難，但當別人不做，你去做了，未來大放異彩的時刻，你必會感謝當初那初生之犢不畏虎的自己。

面對瞬息萬變的世界，發展總是難以預料，但也因為難以預測，才處處充滿機會與挑戰。在接受挑戰前，先弄清楚自我的方向吧！不一定別人做的，也得盲目跟著做；先了解自己適合什麼，再勇往直前，相信屬於你的燦爛人生早已揚帆啟航。

張水美 71 電子二

- ◆ 喬訊電子工業股份有限公司 海內外董事長
- ◆ 巧鴻實業有限公司 董事長
- ◆ 水美不動產有限公司 董事長
- ◆ 日本喬訊株式會社 會長
- ◆ 臺北科技大學校友會 第九屆總會長

專訪影音

知行合一，引領風範—
堅忍不拔精神造就的實業家

駱泰企業有限公司
總裁 / 創辦人　黃廖全博士

　　秉持著座右銘「有恆為成功之本」，黃廖全以專業為準則，腳踏實地、持續堅持著同一目標。始終如一的精神帶領著他追求卓越、不斷進步，從農家子弟成為傑出企業家。除了個人事業上取得輝煌成就之外，在社會公益方面的投入更是不落人後，專業事業和社會服務的路上，齊頭並進，自1996年獲服務業品質發展協會頒發「傑出企業家獎」起，便殊榮無數，陸續獲頒「中華民國傑出企業領導人金鋒獎」、行政院「無私奉獻獎」等榮譽，備受各界肯定的領導者。

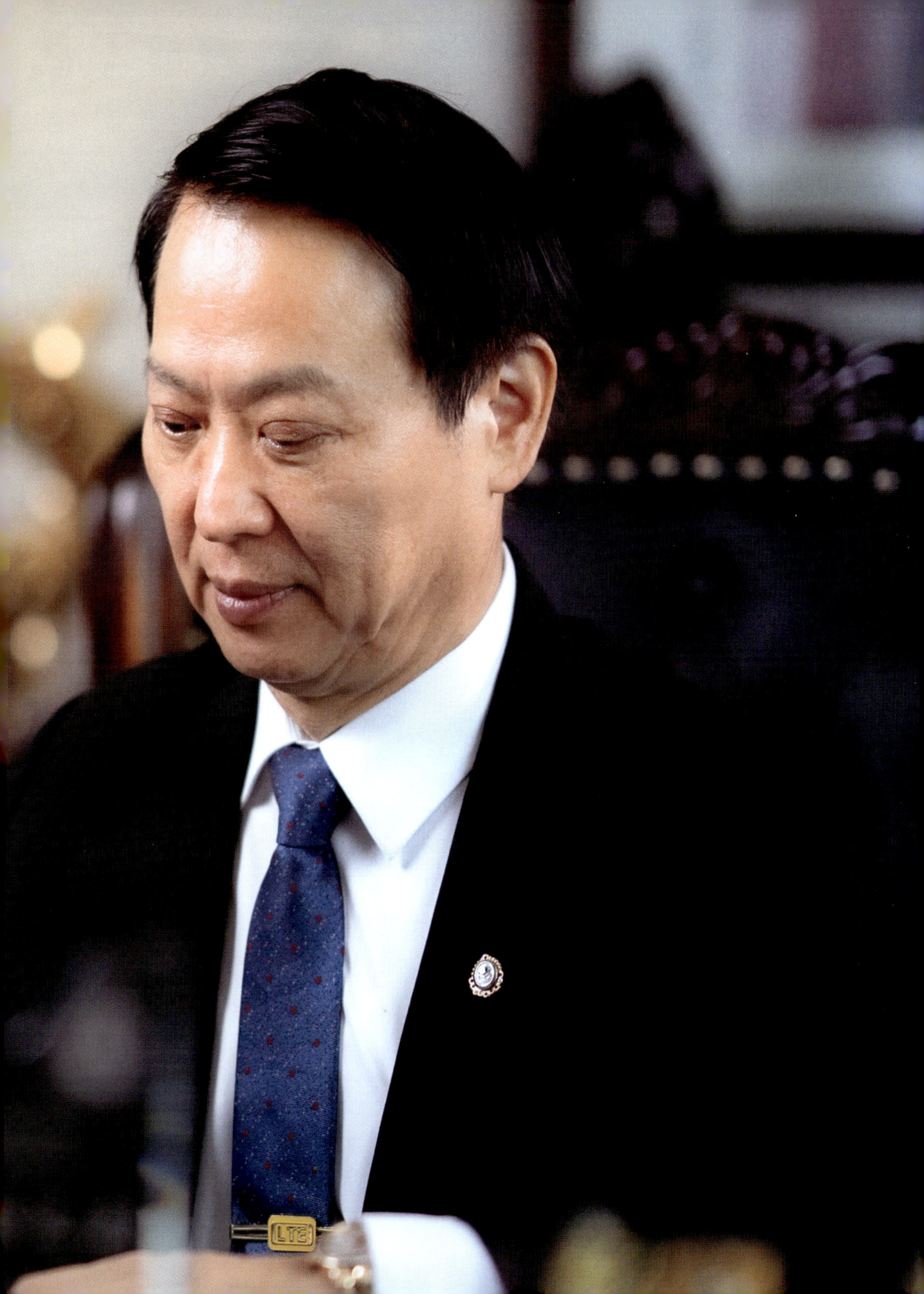
LTE

自立自強 不斷進取

　　黃廖全出生於桃園縣蘆竹鄉，成長環境並不富裕，自小養成其勤勞節儉的性格，於寒暑假時期，協助家裡農務。於臺北高工時期，早上送報、放學則至百貨公司修理機台，半工半讀來減輕家庭負擔、賺取生活費。考量就讀大學開銷費用龐大，因此高職畢業後，便選擇聯合工專（現國立聯合大學前身）就讀，並以助學貸款完成學業，也因求學過程中受過許多貴人幫助，自此在黃廖全心中埋下回饋社會的種子。

工專畢業後，考上預官，並從中學習、磨練領導能力，結束軍旅生活的他，進入光寶公司自動化組就職，從此對自動化領域產生興趣，隨著技術發展，黃廖全發覺學無止盡，進而到中國生產力中心進修，精進自動化設計等相關知識，也因老師的帶領增進領域專業，從中萌生了創業念頭，希望能透過自動化、省力化改善業界技術；秉持追求卓越的精神，於1985年創立駱泰企業有限公司，期許學習駱駝的刻苦耐勞，勇往直前。從設備自動化起家的他，因緣際會下，透過企業家貴人張國安董事長，接觸工業用接著劑，也開啟工業接著劑、自動點膠設備及工業用潤滑油脂代理之路，帶領公司使用臺灣基本產業技術、

在地生根，更放眼國際，除臺灣據點，也隨著大廠設立國外據點，提供給中國、泰國、越南等供應商。

持之以恆　成為專家

將精益求精作為公司理念的黃廖全，他說：「用心把一件事做好，是我們的精神。」帶領員工，秉持誠信、專業、服務，致力提供最好的專業服務，讓客戶放心託付商品研發。擁有 23 項專利的產品，以及專業知識豐富且訓練有素的員工，再加上品質保證的產品，皆足以看見他對追求卓越的堅持。

科技發展日新月異，為了提供更好的產品服務給客戶，屆齡退休的黃廖全，重返校園，進入臺北科技大學，攻讀機電整合

碩士研究所,精進能力。而碩士就讀期間,黃廖全結交不同業界的人脈外,更彼此互相交流切磋、琢磨領域新知。也受益於許多教授指導,學習新的技術,獲益良多。黃廖全認為人生活到老、學到老,持續追求進步報考博士班,研究專注於 ESG 相關議題,在 2020 年成功取得了博士學位。

滴水之恩 湧泉以報

小時候受過的點滴幫助,讓黃廖全在創業之後更決心要回饋社會。於 30 歲創業那年,加入全世界最大的國際性服務組織—國際獅子會,參與創立博愛獅子會,一步一腳印,默默耕耘,期望能將服務擴及社會各角落,讓大眾更加關注社會公益;即

使公司業務繁重，仍把握時間付出，從獅子會獅友、博愛會會長，做到專區主席，再到當選區總監、競選國際總會國際理事，過程中不間斷救助貧困、獎助清寒、舉辦捐血活動等，其中引以為傲的是舉辦萬人CPR急救訓練活動，並獲金氏世界紀錄認證。關懷疾苦的他就任國際理事時，更是不遺餘力推展五大志業—視力、飢餓、環境、糖尿病及兒童癌症。其中臺灣連續八年在LCIF捐贈基金是全球第一，讓身為臺灣人的黃廖全，於國際理事會期間，倍感榮耀。

長期發展公益的黃廖全，在心靈上收穫豐富，期望能透過自身經驗，告訴大眾他的體悟：付出時，不要想能得到什麼，因為付出的過程中，收穫最多的往往是我們自己。也因為在公益上的投入，黃廖全認為創業、營運過程中所遭遇的種種難關，在冥冥之中彷彿受上天幫助，得以順利度過；而他在社會服務的持續耕耘，更受歷任桃園市長支持，邀請成為市政顧問、桃園市守望相助大隊榮譽大隊長、交通義勇警察大隊長等職務。能夠發揮自己的力量服務民眾，並且協助市政做公益，使他引以為榮。

不忘初心 方得始終

　　成就非凡的黃廖全,在經營事業時,不忘過往恩惠,待有能力時付諸行動,回饋社會的腳步不曾停下。年少的心願,無愧於心的實踐,讓人看見他言行合一的風範,而自謙的他除了感謝太太的全力支持,讓自己能無後顧之憂的發展企業與公益,更感謝駱泰公司包含副總、協理、廠長、各單位主管以及每一位同仁堅守本分、各司其職,貢獻專業技術,並發揮團隊精神,才有現在的駱泰公司。往後會繼續帶領員工,將高品質的產品提供給業界,協助其節省成本、快速生產、得到更好的產值,互相成長,成為對國家及社會有貢獻的企業。

黃廖全 110 製科所博士

- 駱泰企業有限公司 總裁｜創辦人
- 18-21 年國際獅子會國際總會 國際理事
- 榮獲內政部頒發「八德獎」
- 榮獲中華民國傑出企業領導人「金鋒獎」
- 八八風災救災榮獲行政院頒發「無私奉獻獎」
- 第十二屆國家品牌玉山獎 傑出企業領導人

專訪影音

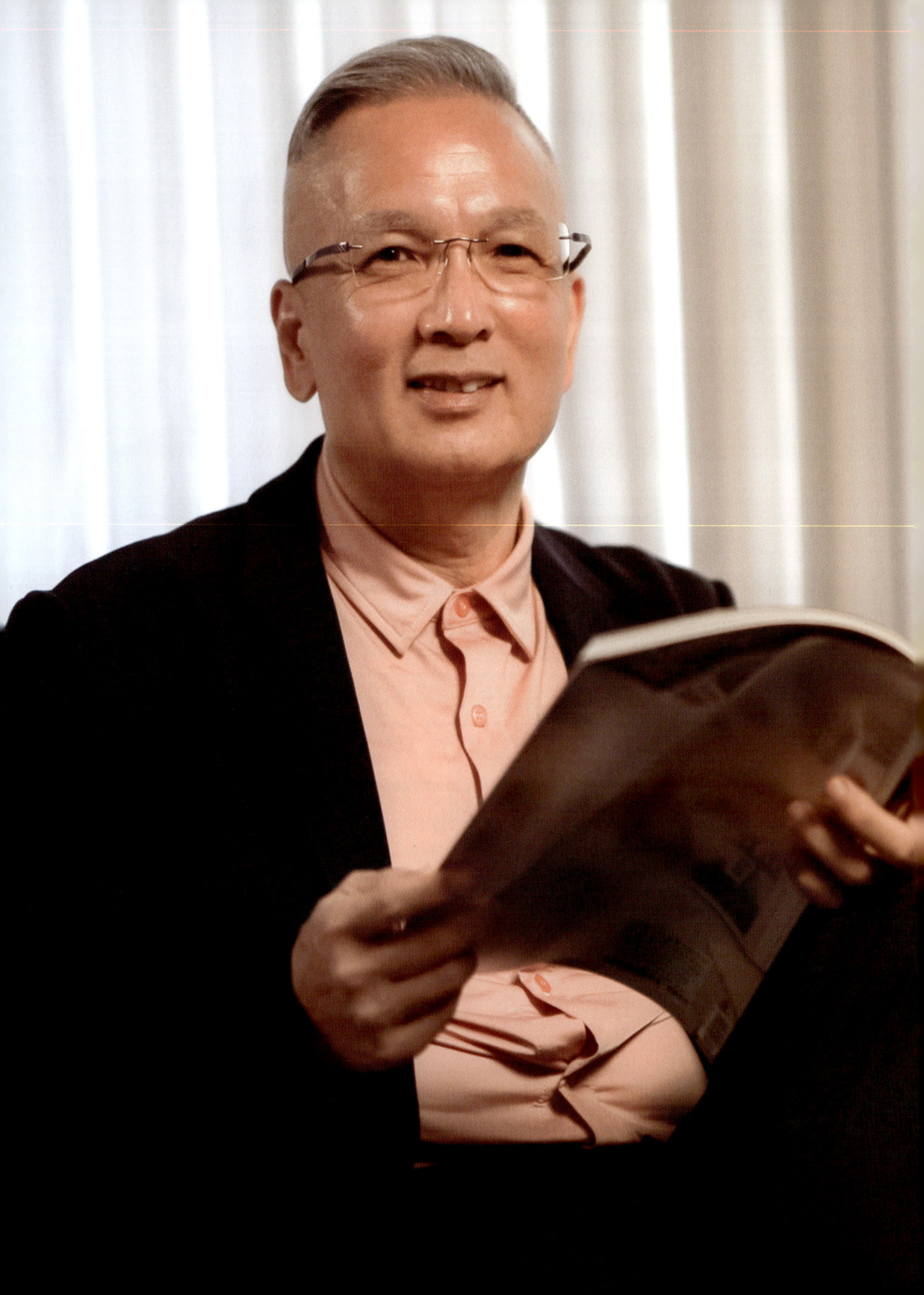

家的味道，是一種
想永遠收藏的美好

樺龍集團
總經理 林建龍

　　打造功能與質感兼備的好屋，每棟建築都當成蓋給自己家人住的房子，客戶不只是客戶，更是家人。兒時夢想堅持十年如一日，用自身經歷譜出最動人心弦的人生建築夢。

　　林建龍所創建的樺龍集團，是第一家取得桃園青埔建造執照的建設公司。集團本著以人為本的初衷，將每位客戶當成家人，用紮實的工法、注重細節的規劃和不輕易妥協的堅持，打造出客戶夢想中的家，不只要住得安全，更要有家的味道，品質上的堅持，溫暖的休憩港灣，心在的地方，就是家。

對家人的愛而衍生的夢想
不畏艱阻堅持目標勇往直前

　　出生清寒家庭的林建龍，曾經一年內搬了五、六次家，有一次房東突然通知兩天後要搬出，結果房子還來不及找著，就只能親眼看著租屋處被拆的窘境發生，那時林建龍便下定決心要蓋房子，讓他的家人有家可以住，不用再受搬遷之苦。兒時的夢想如種子般不停茁壯成長，只因孩童時期曾目睹房屋被拆的困境，讓林建龍特別重視家的感覺，兒時的夢想也從來沒變過，一路堅持到現在。堅持是林建龍的人生態度，決定一個目標後，便朝著目標前進，就算途中遭遇無數挫折困難，也會選

擇堅持下去，一步一腳印地往前，不達目標絕不輕易放棄。

難能可貴的是，在國中時期，林建龍抓到機會進入建築師事務所裡去實習，因為沒有任何基礎，所有一切都是從零開始，但他卻能堅持下來，克服一路上所有的阻礙，途中也並沒有因為受到挫折便心灰意冷，這是在困難重重的建築業界裡少之又少的情景。林建龍除了在建築師事務所學習外，當兵回來後更決定直接下工地，增加更多的實務經驗，在開啟創業這條路前，便累積了足夠知識與經驗，並且打下未來的基礎。

師長之言啟發至深 不畏轉型永續經營

陳明坤老師的授課令林建龍至今仍然印象深刻，一個公司要永續經營勢必要轉型，要有制度，就算公司人不多，還是需要

有一套完善的人事管理制度，這對執行長有很大的啟發，問題出來的時候，需要應變能力並趕快去解決問題，如果不趕緊處理，明天可能就會被取代，但若能即時改善問題，那便是公司的一個重生契機。

「今天改變不一定會成功，但有改變你才有未來。」當初兒女有意想要接手公司，公司便開始著手進行轉型，除了原先對品質的堅持外，同時又再加上對品牌的經營及產品的創新，產品除了要好也要將優點完整且正確傳達給消費者，才不致落於孤芳自賞。現在的消費模式與以往不同，需要因應社會去做轉型，剛好因緣際會下林建龍認識了在代銷業服務的同班同學，

開啟了一次新的合作機會，一同將品牌聲量打出，認真的轉型，拓展了未來道路。

桃園青埔如今已然是個成熟商圈，華泰名品城、IKEA、新光影城等熱門地標，創造了龐大的商機、就業機會及住宅需求，驗證了林建龍二十年前超前的眼光。如今公司正著手規劃與部署的改革，擴大人力編制並推動專業分工，則是在為未來的二十年做好準備。

不輕忽任何細節　洞燭機先優先布局

樺龍集團的核心理念是要讓客戶買得安心也住得安心，講求細節、要求品質，把客戶當成家人，站在消費者的角度量身打

造好宅，結構安全尤為重要，期許「比別人多一級安全層級，別人的房子會倒我們不一定會倒，假設我的房子會倒，別人的都得要倒！」。此外，購地之前也會先請風水師看過，面對問題勇於處理，比別人提前預防，避免後續產生大問題！重視「專業取向，在結構上下功夫，品質導向，在細節的用心。」樺龍集團秉持職人精神，不只打造好房子，更要蓋出家的溫暖。

「看不到的是良心，看得到的只是裝修而已。」樺龍集團尤其注重地理環境，身處臺灣地震帶，不可輕忽任何細節，重視結構與水電，一個是骨架；一個是房屋的任督二脈，這兩處特別重要。

集團早在二十年前就開始重視桃園青埔這一塊，從土地開發、

原物料開始優先布局，跟著產業走，重視人民食衣住行需求，人未到交通要先到，是重劃區裡面最重要的一點。除了賣房子更是在賣品質的保證，一定要比別人更專業，一定要讓客戶對自家建築有信心，對客戶負責也對自己負責。

「眼光，或許可以培養，但一路堅持做對的事，卻很少人能完成。」二十多年前的樺龍集團是第一家敢於挺進青埔的建設公司，當時連水電都尚未接通，甚至還得租發電機才能施工。堅持，是一條孤獨的道路，但若是能看見未來的發展性，那便耐住寂寞好好走下去！

感謝生命中的貴人 及人生中不可預料之意外

林建龍總經理勉勵學弟妹「說對的話做對的事，一定要堅持，不要怕過去所經歷的挫折，一定要相信未來仍然會有希

望的存在，鼓勵大家把好能量散播給社會有需要的人。」光說不練，必須以實際行動去實踐，不光是北科大，執行長在北醫這塊也鼓勵學子們，補助他們的生活費以減少負擔，他說「碰到困難你就把它當成磨練，真的經過淬鍊，以後這把劍你使起來才會順手。」

　不只專業能力要強，整合能力也一樣重要，未來如有機會創業，很可能會結合到其他產業。除此之外，要顧及環境保護及永續經營的概念，把現有資源整合，眼光放長遠更有前瞻性，遇到挫折不要輕易被打倒。未來期望把樺龍集團打造成家族企業，希望更多擁有共同理念的股東加入，一起壯大事業，也能帶來更多的回饋給社會，讓擁有相同理念的人共同經營這一份事業。

林建龍 107 經管 EMBA

◆ 樺龍集團 總經理
◆ 臺北科大 EMBA 校友會 理事長 (第七屆)

專訪影音

職人精神築夢
勤樸誠拓展願景

崴正營造

創辦人 張正岳

　　崴正營造創辦人張正岳出生於臺灣唯一不靠海、純樸的鄉鎮－南投。在父母日出而作日落而息刻苦勤奮、簡樸知足的平凡生活中，度過了無憂無慮、快樂的童年。好景不常，人生的意外悄悄來臨，家道中落、父親的突然離世，家庭重擔一夕之間降臨在一個乳臭未乾、青澀的少年身上，擔子如此沉重，如何翻身？如何承擔？但張正岳面對突如其來的苦難，不亢不卑、沒有埋怨、沒有怨天尤人。他堅忍、不屈不撓、不服輸的個性承擔下加諸他身上的苦難，正面迎戰，將所有的磨難和挫折都轉化成一種養分，各種的困境挑戰加速了他的成長，反而為他開啟了人生的另一扇窗。

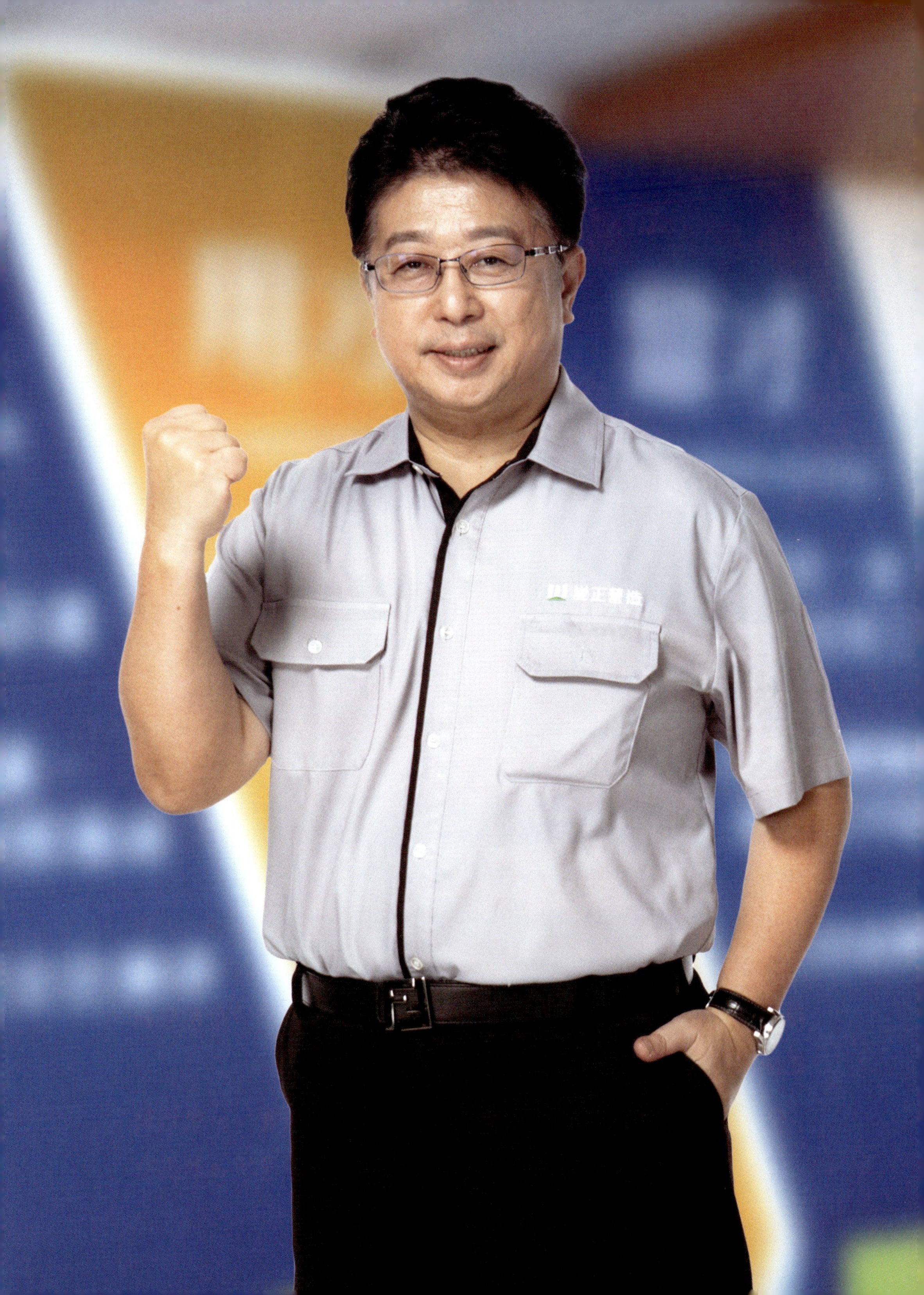

勤儉與誠樸 穩固踏實的學習之路

　　張正岳一路走來都以「建築人」自居。高中時念機械工程，後來受到就讀土木工程科舅舅的影響，毅然決然休學一年，再報考南投高中建築科。當時，課堂上老師說道：「念建築是三生有幸」。這樣簡單一句話其背後的涵意，讓他了解到日常生活中所接觸到的一切，放諸古今中外都與建築息息相關，老師的啟發改變了他的一生。在輕狂、懵懵懂懂的年少時期，大多數的學生還不清楚人生方向時，他卻已立定志向「一生都要做建築人」。

　　張正岳年少時為了籌措就學學費，生活極其樸實。一退伍就上臺北，選擇最嚴格的訓練，跟著建築師到處跑現場當監工兼

畫圖。待了一年多後，再進入全臺灣三大建築師事務所之一的「潘冀建築師事務所」學習。「學中做，做中學」，漸漸感覺到自身學歷、知識的不足，需要更多、更廣知識及養分來充實自己。於是他報考臺北工專夜間部二專，開始了半工半讀的求學生活，工作中學得的經驗，再與學校老師教導的專業土木、結構知識融會貫通，學以致用。當時師長們的精闢教導，奠定他重要、紮實的知識基礎，成為他日後的工作上最好的後盾。一步一腳印、紮實的學習，踩穩每個步伐不畏艱難，一路朝著他人生目標邁進。

生命總無常 一肩擔起所有責任

創辦人張正岳一路以來堅守著家風與校訓，在父親遭遇被人捲款，家中經濟頓時陷入困境時期，父親仍告訴他：「一生中，別人可以欠我們，但我們不能虧欠別人一分一毫」。「誠信」

是父親留給他最大資產。

　　苦難還沒結束，當他剛訂完婚，歡天喜地迎接自己新的家庭生活時，父親突然離世，紅帖轉白帖，又給了他重重一擊。沒有時間療傷，面對父親留下鉅額的債務及肩負照顧一家責任的重擔，壓得他喘不過氣⋯⋯咬牙苦撐時，又發現弟弟染上毒癮。一次次加重打擊，沒有擊垮他，「打落牙齒和血吞」他收拾起負面情緒，拋掉怨懟、憤怒、不滿等負面情緒，正面反擊。如何幫助唯一的弟弟走回正途？狠下心強制弟弟戒毒，困難揪心的歷程，終於千辛萬苦把弟弟導回正途，回歸正常生活。他堅強扛起重責，堅守家訓「誠信」、校訓「誠、樸、精、勤」的信念，不屈不撓、不畏苦難的磨練，如何讓自己的人生從谷底翻身？如何從負人生轉變成富人生？再再考驗他的智慧與能力，事實證明，張正岳從谷底成功翻轉了他的人生。

精益求精 迎頭面對各方挑戰

　　生命的巨變改變了張正岳，他從此養成規劃的習慣，開始著手書寫自己人生的白皮書，包含終生健康計畫、終生學習計畫、終生理財計畫。家中的巨變，讓他很早就意識到一定要比別人加倍努力才能翻轉人生。當他進入龍邦集團瑞助營造工作時，小小監工卻有著大大志向，他立志要成為集團最年輕的總經理，但如何實現呢？他從最基層做起，全心投入、全力以赴。三級監工、二級監工、一級監工，從副主任、三級主任、二級主任、一級主任到副所長、所長、副理、經理到副總，事情不論大小、不挑工作，凡事親力親為，期間還調任台灣人壽歷練三年多，擔任一個統籌上億資產管理部的經理。三年多來，從

經理到保戶服務中心的工作都鉅細靡遺親自操作執行。張正岳從一個什麼都不懂的門外漢，全心投入信託、壽險，從基層學習，每個環節、每個職務都非常重要。他認為做什麼就要像什麼，拿出做建築的精神跨界金融保險業，開創新的道路。為自己再開了另外一扇窗，開創了一條嶄新的道路。為了讓自己的學識、視野更加開闊，期間再度進入校園進修學習，就讀了交大經營研究所。完成了 MBA 的課程，讓自己在經營管理層面上，更上一層樓。

親力親為　貫徹凡事奮戰到底的精神

三年短期調派至台灣人壽工作後，於 2004 年 3 月，再次接獲集團總裁的重大任務，調回原營建公司擔任總經理職務。他用了 16 年的時間，翻轉了汲汲可危瀕臨倒閉的公司，員工人數從 60 人擴展到 600 多人，營收也由 10 億成長至 100 多億，使原公司成為連續 16 年營收正成長的績優營造公司。在全臺

承攬多項知名的工程建案，獲得客戶的肯定與信任，成為全國前七大公司。並在 2017 年獲得國家建築人物獎、2019 年創業楷模獎及 2021 年榮獲個人數位轉型鼎革獎的殊榮，也帶領公司團隊參獎，連續榮獲工程金安獎、金質獎及 ESG 企業永續獎等獎項，創造營建業的新典範。

崴正營造創辦人張正岳一路上秉持著校訓「誠、樸、精、勤」與家風「誠信」的精神信念，一步一腳印腳踏實地的行事風格，在業界奠下良好的口碑。不怕麻煩，即使小細節作不好，也全部重來的作事原則與堅持，讓業主刮目相看，給予最深的肯定。靠著這股對營建業的熱情和傻勁、執著和毅力，贏得業主、朋友、員工的信任。

在二年前，自行創業開設栩安開發及崴正營造這兩家公司，客戶主動找張正岳承接工程個案，崴正營造營收從零提升到

二十億，獲利也是大幅成長，員工將近 140 人，多達 20 幾個工地，為公司打下了成功的基礎。一個重情重義的人，創立崴正營造之後，更把員工當家人，企業當家庭，客戶當恩人的理念徹底執行。也期望打造三最的企業：員工「最幸福」的企業、業界「最優秀」的企業、社會「最受推崇」的企業，並積極推動智慧、綠能、友善、幸福職場，更將良善推廣至社會需要的角落，落實 ESG 的企業精神，善盡社會責任，為社會盡一份心力。

「路只要走對了，就不怕路遠」，一路上走過的艱辛歷程都成就他的養分，不輕易放棄的態度令人敬佩，也是許多莘莘學子學習的最佳楷模。

張正岳 82 土木二

- ◆ 崴正營造、栩安開發 創辦人
- ◆ 臺中市不動產公會 副理事長
- ◆ 南投高中教育基金會 董事長
- ◆ 綠色智慧科技協會 理事長
- ◆ 國際扶輪 3462 地區 1-2 分區 助理總監

專訪影音

兒時記憶與伯樂眼光
構築永續產業新樂園

月桃故事館觀光工廠
創辦人 何勇魏

　　位在嘉義民雄的「月桃故事館」，以臺灣特有植物「月桃」作為靈感，研發出各式各樣生活用品。創辦人何勇魏，也是華實興業(股)公司董事長，談到月桃不禁憶起兒時那段辛苦歲月—靠個人微薄之力賺取零用錢，總得走一段辛苦崎嶇的路上山砍月桃，再轉交市場販商，賺取幾毛收益。

　　這段無可取代的時光，伴隨著月桃香氣，如今幻化成人人喜愛的月桃故事館，搭配動感的月桃主題曲，猶如親切長者輕輕訴說著快樂美好的老故事……。

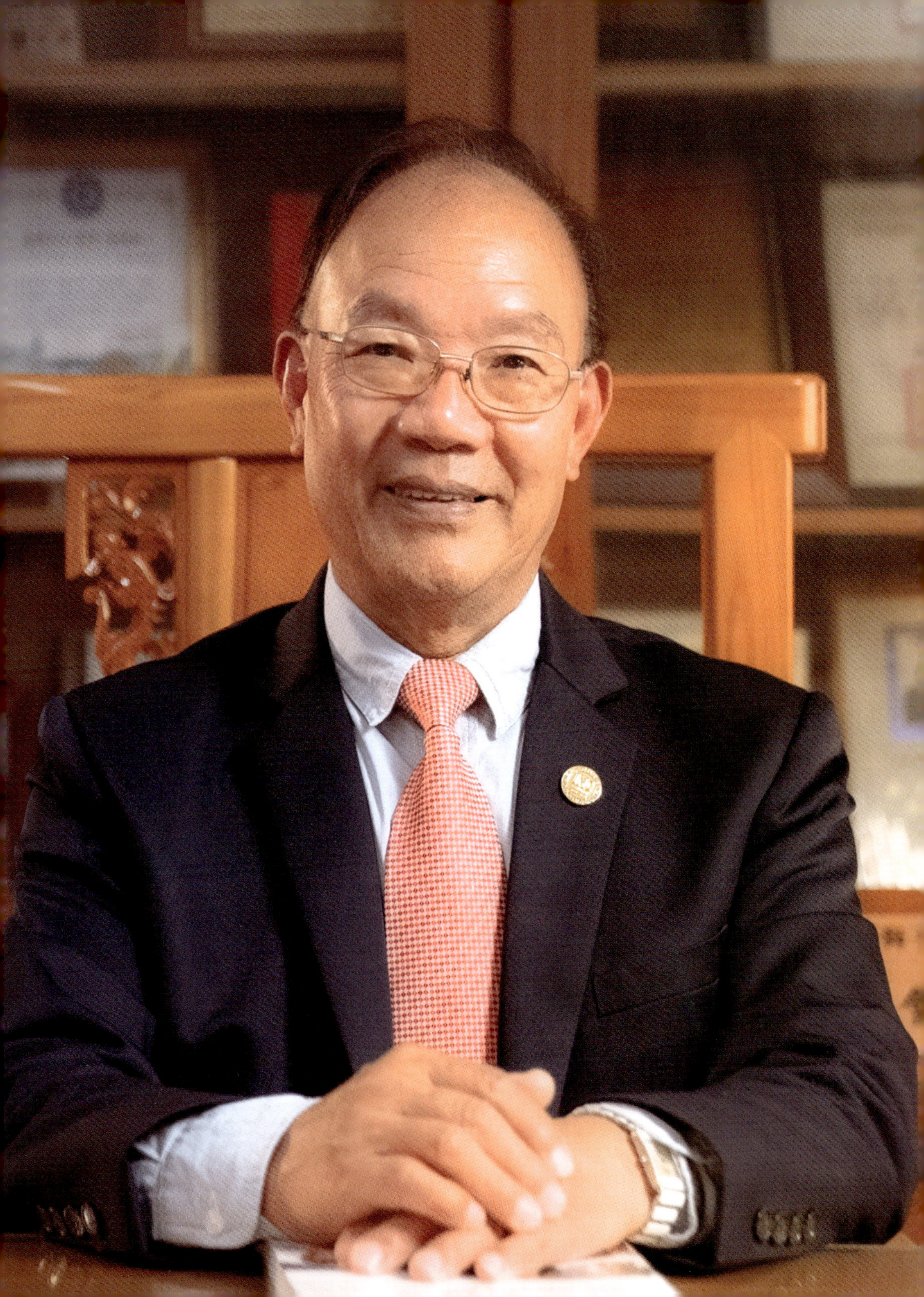

山城之子勇闖臺北城　處處憑藉追根究柢的勇氣

　　儘管童年生活環境貧困，何勇魏在家庭的書香薰陶下，對於「讀書」從不讓人擔心，名列前茅是常事，自嘉義高中畢業後，他順理成章得到許多優秀學校科系的入學門票。最後，他選擇臺北工專化工科，正式從山城之子進入繁忙都市城。

　　臺北工專的學業壓力繁重，為了在三年內讀畢四年課程，何勇魏在實驗課、理論探究課中並不馬虎，凡事窮極事物道理、究盡問題核心。因此每一次助教見著他，還會害怕被考倒，希望他能「手下留情」。民國六十二年畢業的何勇魏服兵役退伍，

恰逢台塑企業徵人，原不抱任何希望的他，面對七千取二百人的激烈競爭，想不到卻在口試後第四天收到錄取通知。他謙稱考試過程不如想像中順利，也恐怕是「臺北工專」學歷加值，在口試中，他只純粹想著：「凡事知之為知之，不知為不知，是知也。」或許就是這般渾然天成的誠摯、樸拙，讓應考官對他另眼相待。

態度造就命運　一步一腳印累積創業實力

在台塑企業工作四年，何勇魏相當清楚，在大公司「生存」自有一套便宜方式，但他不願讓自己虛晃度日，總在工作中不斷挖掘問題。他以日本經營之聖稻盛和夫的話自勉：「人的能力、熱情與想法，將是決定成功與否的關鍵要素。」或許能力

無法達到頂尖,但若能將熱情發揮至極,佐以正向的思考模式來面對各方挑戰,該人生方程式經計算後,亦然是傑出豐碩的收穫。

　　這樣的信念一直支持著何勇魏,儘管努力不一定被看見,仍盡心盡力把每份交代任務做到最好,過程中無不滋長他對自身能力的自信心。民國68年,由於哥哥、嫂嫂經營文具工廠,讓何勇魏接觸到鉛筆芯業務。在初期,自動鉛筆芯尚未普及,國內知名文具大廠研發也沒有成功的經驗,種種不確定性使何家兄弟卻步不已。但在專業教授的指引下,他們選擇持續耕耘,終在三個月後讓收支損益平衡,接連幾年,業務持續攀漲;民國71年,臺灣自動鉛筆芯的市占率達到65%。

傳產不能單靠銷售　轉型是必要之路

　　自動鉛筆芯的成功案例鼓舞了何勇魏,決定為自己再創一座事業高峰。當時何勇魏的妻子從美國歸臺,帶回在美國相當流

行的液體肥皂商品。這項「特別的清潔洗劑」勾起何勇魏的研發興趣，便著手添購一些簡單原物料與設備進行測試。兩年後，他離開鉛筆芯工廠，回到故鄉嘉義，成立華實興業股份有限公司，即為現在月桃故事館的母公司。

然而，隔行如隔山，賣文具與賣清潔品是兩條截然不同的商業經營之路，尤其廣告支出的費用，讓何勇魏在營運第一年便嘗盡苦頭。慶幸那段期間，臺灣服務業正好起飛，如雨後春筍般冒出的機關行號、醫院、旅店等場所，都需要像液體肥皂效果的洗手精、沐浴露。依循這樣的市場需求，華實企業逐漸步上軌道。民國 90 年，外銷國外的比例提高，芳香機、手部消毒機等產品尤其獲益顯著。直到全球金融海嘯發生，大宗原物料短缺、漲價，何勇魏再次面對新的產業危機。

何勇魏自問：「公司的核心能力是什麼呢？」他們所生產的

商品，皆由嘉義在地工廠研發、製造，這份難能可貴的在地化基因不可抹滅，更應該向外展示、推廣。於是，一座結合觀光與文化、寓教於樂的休閒樂園──月桃故事館便在這樣的期許下誕生。

華而實之的美　一株月桃串起無限可能

在專業人士的建議下，月桃故事館採用二氧化碳超臨界萃取設備，延伸在地植物的活性萃取成分，應用於所生產的保養品、洗劑上。並以何勇魏童年記憶中的月桃植物，作為開展觀光工廠的主題，結合「三生一體（生態、生活、生產）」，打造永續樂活的親子娛樂空間。

華實企業轉型，月桃故事館在成立後，榮獲環保署國家環境教育獎之殊榮。想不到一株童年裡的月桃植株，結合教育，竟能翻轉出跨領域的創意。曾經有朋友告訴何勇魏，公司取名「華實」易讓人聯想到「華而不實」之意。何勇魏的師長卻給出這段佳話：「華而不實總是虛，實而不華無生氣，華而實之則美妙。」這才讓他重拾創業初衷，學習以不同角度看待事物。未來，華實興業的願景，是將月桃相關應用技術推向國際舞台，讓更多人見識到月桃的價值。

金錢有限 誠信無價 萬番苦難也不忘初衷

　　創業維艱，但何勇魏挺過每一次的危機風雨。他鼓勵年輕人，凡事別害怕吃虧，因為很多工作上的付出或許在當下看來都像是浪費與虛擲，但誰能料想到這些努力很可能累積出比一般人

更強悍的韌性，成為奠定日後成功的基石呢？所謂「精誠所至，金石為開」，專注力是任何人都偷不走的寶藏，認真與用心，是邁向成功的唯一方向。最後，莫忘誠信的力量，因為人的誠信無價，在人生中若是遭逢困難，有限的金錢抵不過無限的人脈資源。而這些資源，正是日常中我們以個人的誠信，向他人交換而來的。

在商場拚命半世紀歲月，何勇魏相信，成功者的重要特質不出專注力、認真與用心、誠信三者。有些人在小事上不願投入，因而錯過釐清自身盲點的機會。且當每一件小事的「微小成功」潛移默化地增強自信，點點滴滴鞏固我們的成長和進步，直到某天回首，會發現那雙默默長出的堅韌翅膀，已然讓我們擁有膽識與魄力，能面對未來的任何黑暗。

何勇魏 62 化工三

- ◆ 月桃故事館觀光工廠 創辦人
- ◆ 華實興業股份有限公司 董事長
- ◆ 中華民國國際工商經營研究社聯合會理事長
- ◆ 嘉義市北科大校友會 創會理事長
- ◆ 嘉義市工業會 理事長

專訪影音

光耀領航，智慧判斷
科技領域的卓越領先

中揚光電股份有限公司
董事長 李榮洲

從資本額僅 1000 萬，短短數年就打造出市值近百億的上市公司，這是年僅 40 多歲、現任中揚光電董座──李榮洲與共同創辦人──鄭成田先生的傑作。透過此次的專訪，深入挖掘李董如何從一名普通上班族，變成上市公司負責人的蛻變過程，他的成就完全體現在對科技創新的熱情和社會責任的堅守上。

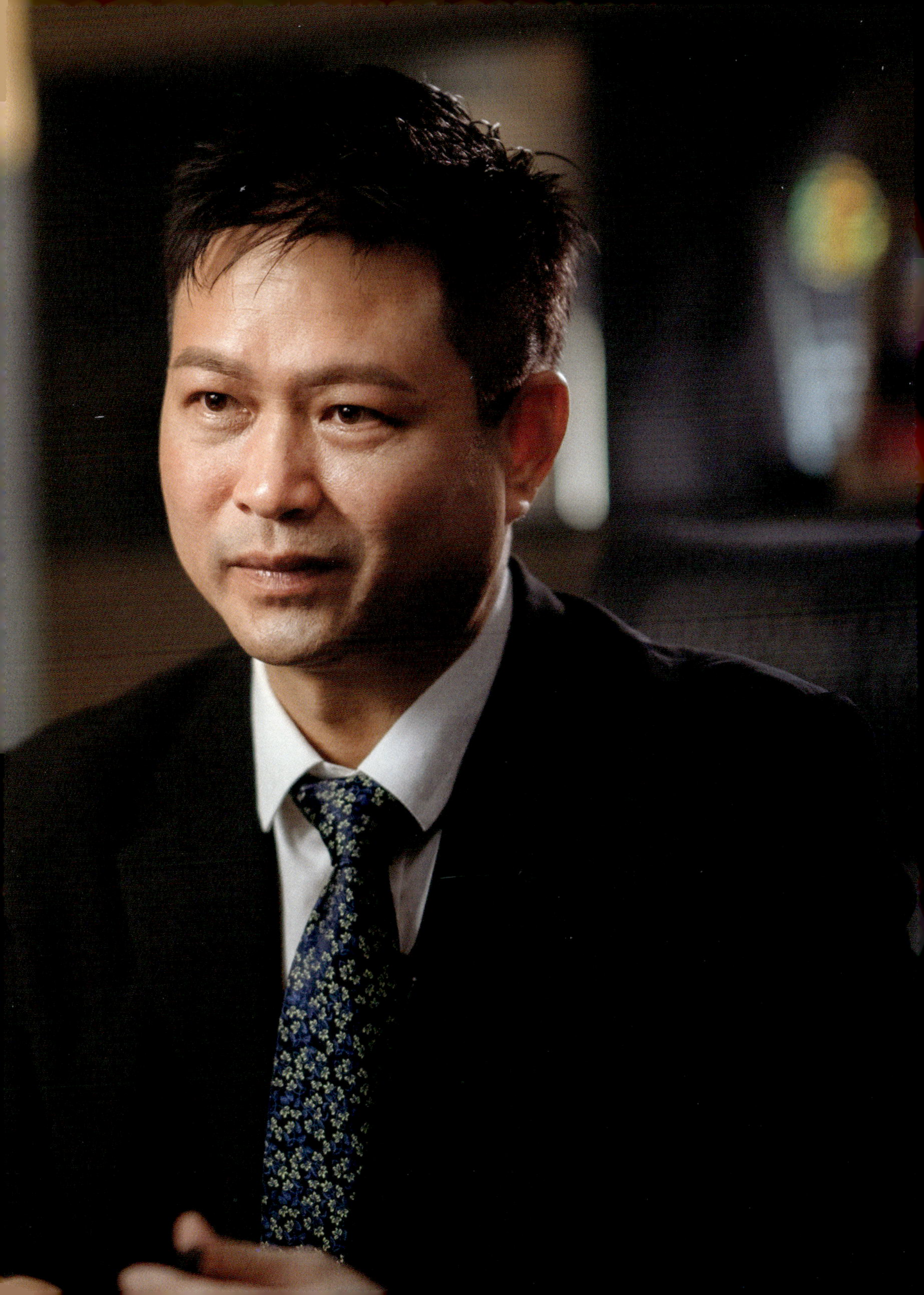

萌芽之初 茁壯成長的養分

　　李榮洲出生於臺中清水，居住在宜人的鄉村環境。父母是辛勤的農民，農耕是他們一家人的主要生計。李榮洲是家中的老么，而他的哥哥姊姊比他年長許多，早早就離開家鄉到外地工作，因此他年紀輕輕就肩負著幫助父母務農的責任。同齡的孩子們在假日裡享受著玩耍的樂趣，李榮洲卻需要留在家裡，積極主動參與農田勞動。他親手摘過各種農作物，從稻米到甘蔗，再到西瓜，無一不經手。有一年，家裡種了韭菜，每天一大早就必須前往田地割取韭菜，晚上則要回家清洗、整理韭菜，工作一直持續到天黑時分，有時甚至需要在寒冷的冬季

中，泡在水裡工作直到雙手麻木。這些辛勞的經歷，塑造了李榮洲獨特的童年，也養成了他一步一腳印，務實的個性。

儘管李榮洲成長的環境資源相對有限，但他擁有強大的智慧和毅力，使他在學業上獲得了不錯的成績，尤其在理工科領域，他的表現相當的卓越。李榮洲一直懷著離開家鄉，到外地發展的目標，因此他當時選擇報考臺北工專，是當時臺灣五專的第一志願，為了追求更高的學業成就，他踏上了前往臺北的求學之路，開展了全新的學業之旅。

學習的歷程 專業領域的精進

李榮洲認為臺北工專的校風雖然開放，但在教學方面卻相當嚴謹。在臺北工專有數位老師的教學態度相當嚴謹，讓學生們心生敬畏，尤其在成績批改方面要求相當高，絲毫不會讓步，要畢業其實不是一件輕鬆的事。

臺北工專畢業後，李榮洲繼續深耕學業，考上淡江以及中興大學的研究所，他的求知欲驅使他不斷追求更高的學業成就，為他未來的事業打下了堅實的基礎。李榮洲自豪地提到，這一部分的成就也歸功於臺北工專的教學嚴謹，相對於大學同學，他的學業壓力相對較小。除了自身素質優秀外，部分原因也歸因於臺北工專的嚴格教育，為他打下穩固基礎。

就讀臺北工專期間，由於經濟壓力的影響，李榮洲除了專心學業，還必須在校外打工以支付生活費。為了避免增加父母的負擔，李榮洲選擇打工來支付學費和生活費。一直到中興大學就讀研究所時，他也兼職家教工作，為自己維持生活開銷，儘

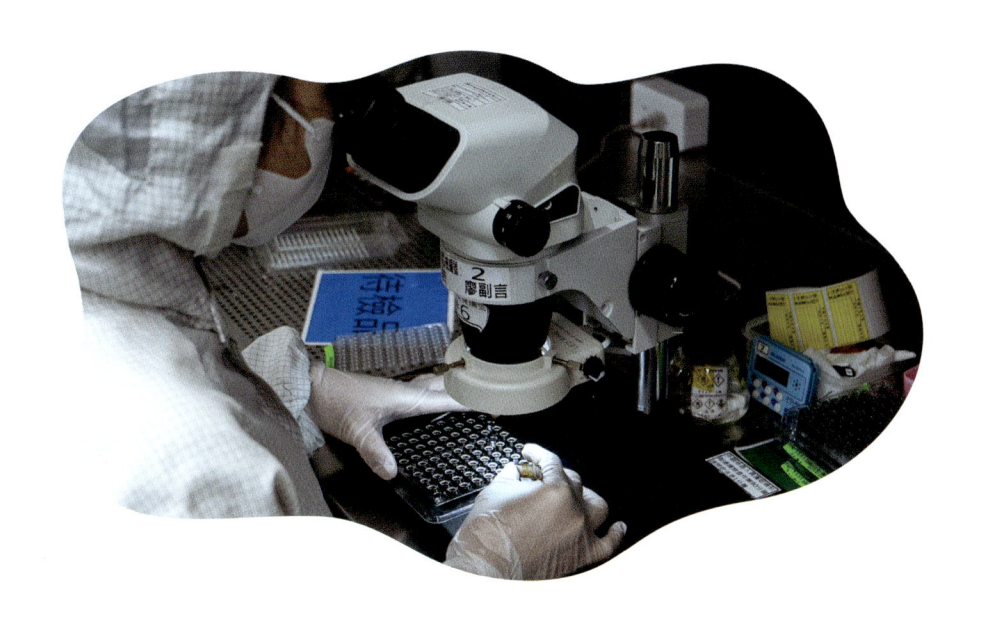

管如此，他的學業成績一直相當出色，一路如期並順利完成研究所學業。

創新與技術 中揚光電的成功祕訣

「抓住機會，做出明智的選擇」，研究所畢業後，李榮洲開始思考他的未來道路。由於他在光學領域的出色表現，於 2001 年，他決定加入光學的上市公司亞洲光學，這是他職業生涯的第一步，也是他創業之前的經驗。進入亞洲光學後，從機械設計中的模具設計工作起步，他非常感念亞洲光學給予其充分展現才能的自由空間，他在亞洲光學投入了大量的心血，

甚至有一個計畫讓他整整工作兩個月，儘管過程辛苦，但這段經歷卻成為他未來創業的寶貴資本。

2000 年，光學領域蓬勃發展，在亞洲光學工作後的 2003 年，李榮洲的主管詢問他是否願意前往中國大陸工作，積極的李榮洲為了提高自己的技能水平和薪資而前往了中國大陸，在中國他看見了手機鏡頭的商機，因此在 2006 年決定辭去工作，開始了創業之旅。當時雖然手機鏡頭尚未普及，但李榮洲相信手機鏡頭將成為未來趨勢，因此決定在這個領域著手。在中國大陸，他與幾位合夥人籌措了 1000 萬元的資金來購買加工設備，最終成功創業。從 2007 年到 2012 年，李榮洲和他

的合夥人的企業年營業額持續增長，因為公司年營業額持續增長，李榮洲與合夥人們討論讓公司上市，2013年成立，之後僅花了5年的時間，2017年就上市，上市之後股價持續飆升。

放眼未來 任重道遠的使命

表面上順風順水的公司，在2020年疫情爆發時也曾陷入困境。當時李榮洲開始發現公司的一些困難和問題逐一浮現，這一系列的挑戰導致公司自2020年下半年開始陷入困境。

李榮洲進一步揭示，這些問題的根本原因並非技術方面的不足，而是在管理制度和公司文化方面存在問題。甚至在財務數

字方面，公司並沒有仔細地進行計算，漏算了很多重要細節。經過仔細研究精算後，他發現前幾年實際上應該獲得更多的利潤。

2023年7月，李榮洲接任中揚光電董事長一職，並開始積極調整公司制度，以優化企業文化，使公司能夠實現永續經營。李榮洲深信，實現公司的永續經營並非依賴特定項目，而是必須在「管理、制度、文化」這三面向上全面掌握。

成長的結晶　感謝每一個瞬間

向來知恩惜福的李榮洲深情表示，他心存感激之情，特別感謝父母一生的辛勞，他們一直支持他的選擇，悉心支持他的夢想，感激之情深深烙印在他的心中。他也由衷感謝中揚光電的合夥人鄭董事長，雖然在創業的歷程中，雙方有過理念不合的時刻，但他們卻能像親兄弟一樣的溝通，相互理解。李榮洲認為他能走到今天，鄭董事長也功不可沒。

訪談最後，他有感而發地提到：「機會很重要，但當機會來臨時，我們要學會如何做出正確的選擇。」回顧自己從求學、求職一直到創業的經歷，李榮洲相信他之所以能夠站在現在的位置，是因為他做出了很多正確判斷和選擇，這也是他以過來人的經驗，想與學弟妹分享的。

李榮洲 84 機械五

◆ 中揚光電股份有限公司 董事長
◆ 紘立光電 董事長
◆ 晶彩光學 董事長

專訪影音

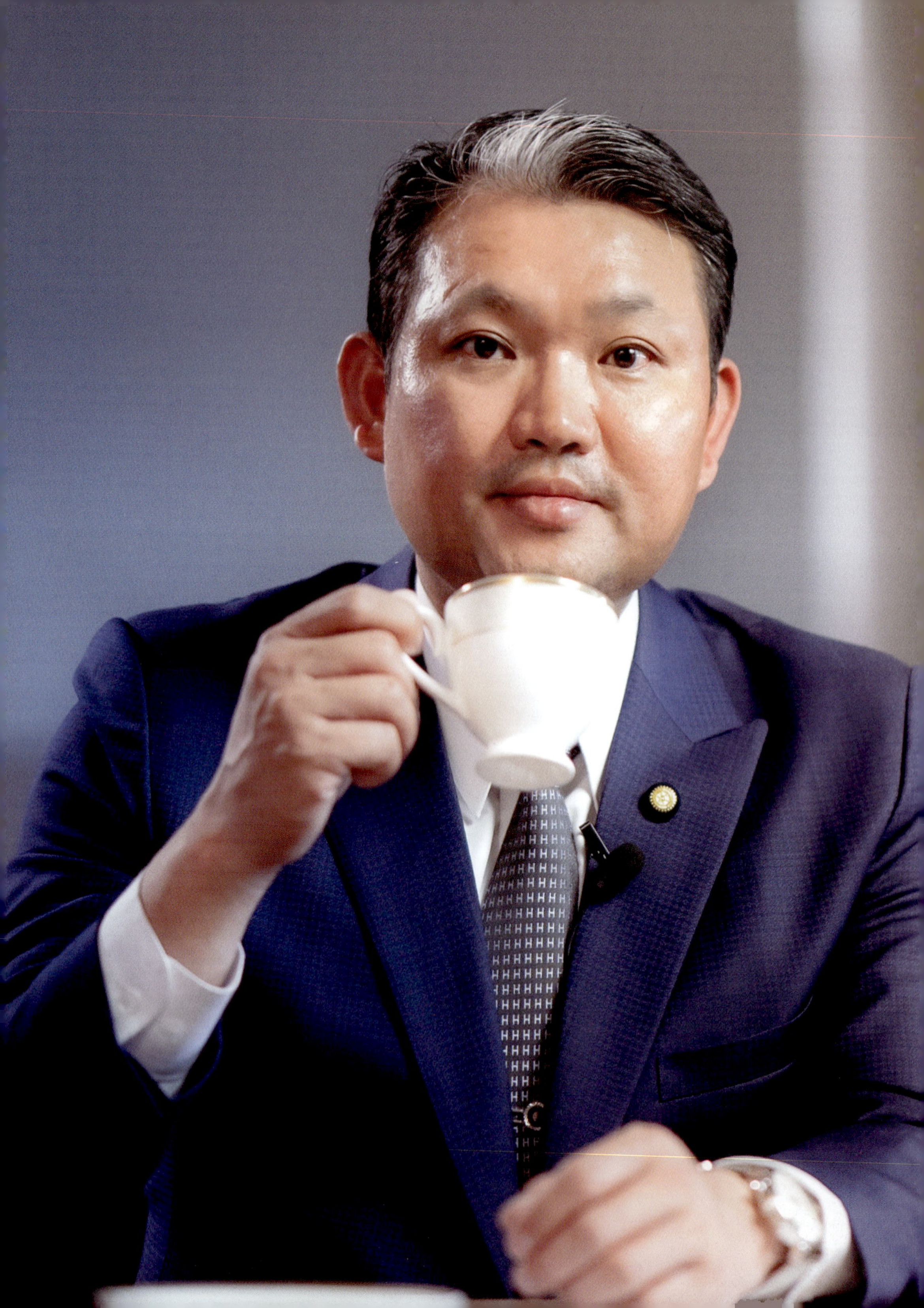

向百年大廠借鏡
用光勢力擄獲眾人眼球
高規格映出不同凡響視界

上暘光學
董事長暨創辦人 吳昇澈

光學對生活的影響力深植我們周遭，高畫素的手機鏡頭、教室不可缺少的投影設備、近年備受矚目的 3D 列印等。五光十色背後，盡是精密配件。以巧妙之姿，聚光成像，於是我們能夠一覽方寸之間、光影聲動的精采畫面。臺北工專材資系畢業的吳昇澈，從光學元件銷售員到自行創業研發，藉「光」發光的故事耐人尋味。

扎實本業學習 專業勇闖光學藍海

　　在臺北工專讀了九年的書，吳昇澈五專、二技與 EMBA 碩士學位皆在熟悉的校園裡完成。二技剛畢業的他，第一份工作是擔任美國奧克利公司的銷售工程師，而後又轉到明基電通，擔任光學投影機的全球策略採購。從底層向上積累經驗，耗時他六年的青年歲月，這番功力成為他奠定日後創業根基的軟實力。

　　後來，他在業界結識一位鍍膜廠老闆影響他至深。如何讓「有利的專業技術」淺顯廣泛地介紹給客戶，使對方信服，因「技術行銷」四字，兩人理念不謀而合，讓吳昇澈決定放手一搏，

離開原本穩定的上市公司工作崗位,轉身投向光學鍍膜之路,經過自身不斷努力的成果,在因緣際會下讓上暘光學在 2011 年,正式成立。

突破原有代理框架 揭開產業永續扉頁

2011 年,吳昇澈創立上暘光學,憑藉對光學材料及製程的熟稔度,以及在市場建立的人脈基礎,他希望將上暘打造成光學設計公司。然而,在創業初期,吳昇澈校長兼撞鐘,底下只有 3 名員工,縱使吳昇澈擁有良好的技術、設計與具競爭力的成本價,也難接到上櫃品牌的大訂單。剛好當時,位居世界前五大廠的中國江蘇宇迪公司,以球面光學鏡片走紅;擁有世界頂級規格模造玻璃的日本松下電器也努力擴張商業版圖。因此,吳昇澈改變了策略,首先代理其他公司的產品,陸續取得了日本松下非球面模造玻璃和江蘇宇迪的球面鏡片等代理權。

「當時公司只有 5、6 個人，但年營業額卻超過 1 億多元。」這兩者都是光學界頂級商品，使得上暘的業績迅速上升。短短四年間，小小的五人公司憑著鍥而不捨的耕耘，一口氣做到了九位數的營收入。

然而，這番亮眼成績卻沒讓他們自滿，吳昇澈深知，代理商的生存壽命平均只有五至六年的時間。最終，原廠家勢必會將代理權收回，或選擇將代理商併購。未雨綢繆，面對預期不穩定的買賣生意，為了尋求更長遠的道路，吳昇澈決定再回母校進修。2015 年，吳昇澈報名北科大 EMBA 的經營管理在職專班，當時胡同來是他的指導教授，胡教授是學術界知名的行銷大師，明確指出上暘所面臨的困境，儘管目前業績亮眼，但

隨著客戶和售價逐漸透明化，上晹很難避免母公司收回代理權的命運，這使得永續經營變得困難。想讓一間公司能夠永續經營，轉型勢必無法避免。他受到指導教授胡同來的啟發，促使上晹進行轉型，針對代理商必然面對的生命週期與轉型計畫，進行研討。

　　光學元件代理銷售的轉型並非容易之事，但因為踏入 EMBA 專班，碩士論文研究的驅使之下，吳昇澈將公司作為主要分析的個案，同時憑藉本身過往豐富的職涯歷程：第一線的鍍膜技術加工、銷售工程師、策略採購、經理、副總、總經理……種種經歷，讓他更能掌握產業發展與運行的脈絡。

精益求精 聚焦轉型 知彼更要知己

事實上，持續代理產品已經能夠穩定獲利，但吳昇澈心中的夢想仍然激勵著他——成為臺灣光學高階玻璃鏡頭的領先品牌。那麼到底應該轉往「生產」為重，還是以「研發」為主軸呢？想法與聲音交疊，吳昇澈最終決定發展一條龍式的產品供應鏈，待方向確認完畢，他們便著手招募四位研發設計專才，從他最熟稔的投影機領域發端。

2016 年，德州儀器 (TI) 推出高規格的 4K、2K 晶片。在高解析度裝置未普及的時刻，上暘光學洞察先機，以可負擔的成本額，設計出兼容 1080P 像素，卻也能搭載高規格視覺饗宴的 4K 鏡頭。

目前，上暘光學投影機在臺市占率約有四到五成。除此之外，他們也積極布局其他領域的光學產品：設備用鏡頭、工業用鏡

頭及醫用鏡頭。愈往光學領域鑽研，他們愈明白研發團隊的重要性，如今已從五人團隊發展到二十多人的研發單位。未來五年，他們期許能在高階投影機市場穩穩扎根，從高規格的研發技術與低耗損率的商品，逐步取得客戶信任，讓更多產業需要的光學鏡頭，驕傲印著「上暘」的品牌標章。

從一而終的選擇　盼與大廠良性競爭

一路走來，吳昇澈未曾偏離來時路。古時有一番佳話這麼說：「擇你所愛，愛你所擇」，他是貫徹這段美言的實踐者。堅持是他秉持的理念，在每個階段，他專注眼前職務，前瞻

產業趨勢與風尚，但他也不忘回顧拉拔他的貴人：碩士班指導教授胡同來、共事同仁與母校臺北工專給予的精實鍛鍊。

上暘未來的發展引人期盼，吳昇澈表示，在臺灣，高階光學鏡頭，無處不見蔡司、徠卡的影子。這兩間跨世紀的百年大廠，常常鼓舞他走在創業路上，保持一份堅定不移的信念。試想，一百年前的小小製造商，僅是為了科學啟蒙運動、為了軍事用途，研發一片片看似不起眼的薄薄顯微鏡片，怎會料想到，一做便屹立不搖的挺過歷史洪流，締造出史詩般的品牌經典呢？

上暘接下來除了上市上櫃的前景外，吳昇澈說更期許有朝一日，能與蔡司、徠卡等大品牌成為競爭對手。在精密的組裝細節裡，將光學專注、細膩的精神，推廣到更宏遠的地方。

吳昇澈　86 材資五 ｜ 91 材資二 ｜ 104 EMBA

- 上暘光學 董事長暨創辦人
- 台灣區光學工業同業公會 現任理事
- 工研院光學元件技術發展諮詢委員會 前會長
- 臺北科技大學材資系教育基金會 現任常務董事
- 臺北科技大學校友會 現任常務理事
- 臺北科技大學 EMBA 校友會 理事長（第五屆）
- 臺北科技大學經營管理系所友會 第七屆理事長

專訪影音

十年樹木 百年樹人
不斷精進技術傳承的領導人

國立彰化師範大學
退休教授 黃靖雄

彰化師範大學退休教授暨「臺中市私立大豐汽車駕駛人訓練班」創辦人黃靖雄董事長，曾擔任臺中高工教師、中區職業訓練中心訓練師、南開科技大學教授、研發長；是中華民國汽車工程學會發起人及第二屆理事長、第四到十六屆榮譽理事長，臺灣技職教育暨產業發展協會第五、六屆理事長、第八屆榮譽理事長；更自民國77年起便擔任國際技能競賽中華民國委員會汽車技術職類裁判長，負責規劃辦理汽車技術職類分區賽及全國賽，選拔及訓練選手參加國際技能競賽；1991年起擔任國際技能競賽33職類汽車技術職類國際裁判。擁有豐富經歷的他更出版過數十本汽車相關書籍，供教科書及參考書使用；為教育莘莘學子不遺餘力，堪稱「十年樹木，百年樹人」的最佳典範。

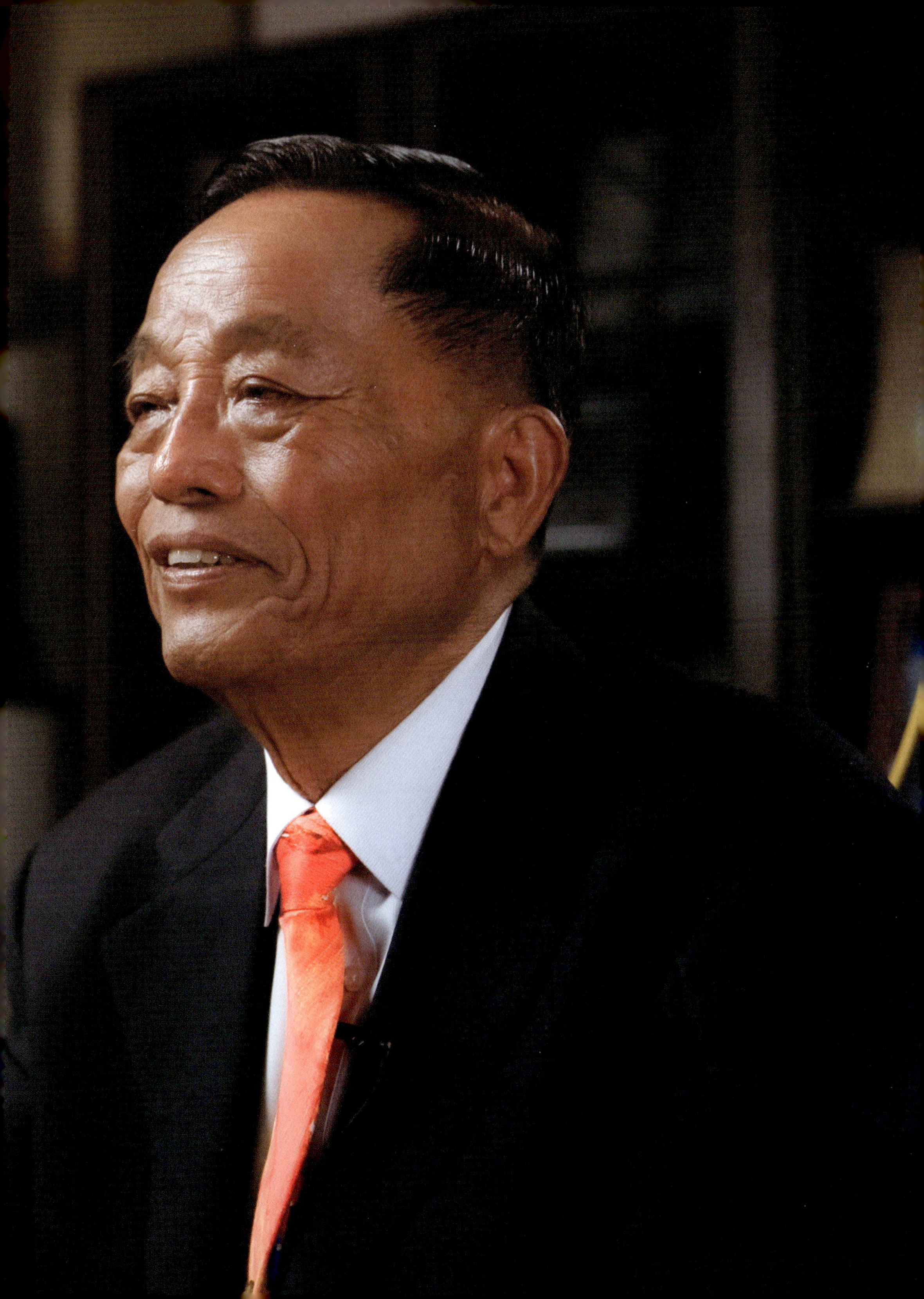

天下無白吃的午餐

　　黃靖雄董事長出生於臺中縣潭子區大豐村，成長於典型農村，求學期間直至高工畢業都是點油燈，即使生活環境不便利，仍不影響其專心向學。憶起影響自己最大的人，黃靖雄最感謝的是小學導師王清軒老師，因其無私奉獻，努力為學生爭取建設教室以解教室不足之急，並免費為學生補習，加強國語、數學、英語等知識，幫學生未來打下扎實的學習基礎，也為黃靖雄播下了往後回饋教育的種子。

黃靖雄董事長與汽車技術職業教育和訓練的緣分，始於民國47年，當時從臺中一中初中部畢業後，本可直升高中部，但因家庭並不寬裕，決定學習一技之長，藉此改善家中的經濟狀況，便報考臺中高工汽車修護科，從此開啟了一生志業。高工期間，從鉗工、焊接、車工等機械基本技術，到引擎維修技術及儀器的操作使用等，種種精實訓練，以及王鳳鳴、高昇華老師等對汽車英文專業術語及專業技能，甚至是講授做人做事道理的堅持，都是黃靖雄成長之路的點滴養分。而提前就業至美國駐華安全分署汽車廠擔任技工、考取臺灣省經濟建設人員特考分發到臺北市公共汽車管理處擔任工務員，都足以見證黃靖雄累積了扎實的汽車修護技術根基。

一份耕耘 一分收穫

　　為不斷精進，黃靖雄辭去公職，考入臺北工專機械科二年制汽車科第一屆，就讀期間師長們認真進取、富有開創精神的態度，也成為其學習榜樣，在畢業、退伍後，回到母校臺中高工，開啟他一生的教育工作。此後不斷學習精進，還曾到日本東京及岡山參與職業訓練研習，又於民國71起三年暑假赴美國東北密蘇里州立大學進修，取得碩士學位；76年獲得國科會獎助前往日本廣島大學工學部內燃機關研究室學習柴油引擎黑煙排放控制技術。曾擔任臺中高工汽車科主任及駕駛訓練班主任及教練，累積許多辦理汽車駕駛訓練及考照相關業務經驗，也協助友人規劃汽車駕駛人訓練班。

　　民國67年與友人於潭子區，共同創辦大豐汽車駕駛人訓練班，民國95年潭子區駕訓班結束營業後，隔年遷建至霧峰區。

一般駕訓班大都租用公共設施、學校用地來設置，因是臨時性質故硬體多簡單投資節省，而再出發的「大豐汽車駕駛人訓練班」各項設施都以長期使用為目標規劃施工，投入大量資金，只為提供給學員最完善、安全的訓練場所，同時也購買多種車型，提供學生不同的車款可選擇學習。民國97年霧峰大豐汽車駕駛人訓練班正式開始營運。

學術並重 教用合一

「臺中市私立大豐汽車駕駛人訓練班」以讓學員能成功考取駕照及安全上路駕駛為訓練宗旨，因對學科及術科教學皆十分注重。而全體教職員更是以服務業的心態接待學員，與學員建立良好關係，並針對學員不同背景制定最有效率的教學方式；

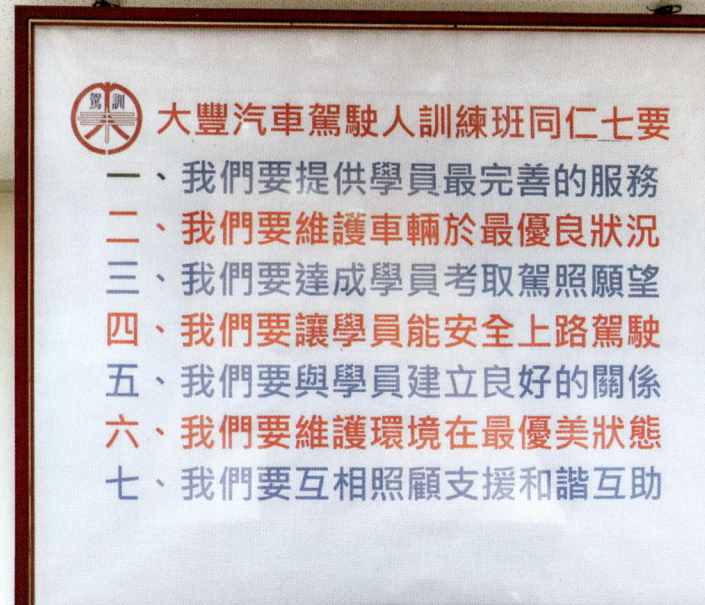

大豐汽車駕駛人訓練班同仁七要
一、我們要提供學員最完善的服務
二、我們要維護車輛於最優良狀況
三、我們要達成學員考取駕照願望
四、我們要讓學員能安全上路駕駛
五、我們要與學員建立良好的關係
六、我們要維護環境在最優美狀態
七、我們要互相照顧支援和諧互助

因此,學員評價及歷年來駕訓班評鑑都是特優。不論是教練示範正確操作方法後,再讓學員不斷練習操作直至熟練為止;亦或教練關心學員學科上課情況及考卷作答情形、對學員不了解部分耐心解釋說明,並一再提醒學員交通法規是一門專業課程,都是大豐汽車駕駛人訓練班實踐培養學員遵守交通規則、建立駕駛道德、堅持安全上路的理念。

擔任九十年度技職一貫課程動力機械群課程發展計畫召集人,擁有豐富產官學實務經驗的黃靖雄教授,對技職教育見解獨到,認為技職教育必須務實致用,知識與實作需相輔相成,最重要的是必須以實際的操作來落實教學成效。器材設備也須跟上產

業的進步不斷更新,產學合作培育人才更是新的方向。而勞動部推動的各項職業訓練、證照考試,也要跟上產業腳步不斷更新,並善用企業資源,才能精益求精不斷進步;科技日新月異,未來的世界將是數位科技、AI當道虛實並存,除了基本能力,更要善用各種新工具,增加自身價值,展望未來。

不忘初衷 懂得感恩

除了著作等身之外,能在產、官、學、研多所投入,而且成就不斐,黃靖雄董事長客氣地表達到,他要特別感謝一個人:那就是他的賢內助黃游淑和女士。他感謝太太的賢慧持家,讓他在學術研究、教育事業、服務社會上得以無後顧之憂。也因為游淑和女士持家有道,讓黃靖雄夫婦分別獲得鄉里推薦,前

後個別獲得「模範母親」與「模範父親」代表的殊榮，一時傳為佳話。

　一生從事汽車產業與科技研究學習與教學，黃靖雄董事長直至今日，仍不斷學習精進，關注汽車產業新知，掌握最新全球汽車產業及科技動態，並積極參加社團及親友的活動與社會保持良好連結。擁有豐富成就的黃靖雄，即使戰功彪炳，仍十分謙虛，他秉持著努力踏實，做最多的準備，將周遭資源做最大的發揮原則，一路勇往直前。最後更以汽車界孫立德前輩贈送的五字座右銘「敬、淨、靜、進、勁」與大家共勉，期許能不忘初衷，堅持理念，追求成長，有勁前行。

黃靖雄 53 機械二

- ◆ 國立彰化師範大學 退休教授
- ◆ 臺中市私立大豐汽車駕駛人訓練班 董事長
- ◆ 南開科技大學 車輛工程系 榮譽教授
- ◆ 華德動能科技股份有限公司 獨立董事
- ◆ 中華民國汽車工程學會 榮譽理事長
- ◆ 中華民國汽車駕駛教育學會 顧問
- ◆ 台灣技職教育暨產業發展協會 榮譽理事長
- ◆ 國際扶輪 3462 地區臺中西北扶輪社 社員
- ◆ 臺中高工校友總會副總會長、文教基金會副董事長

專訪影音

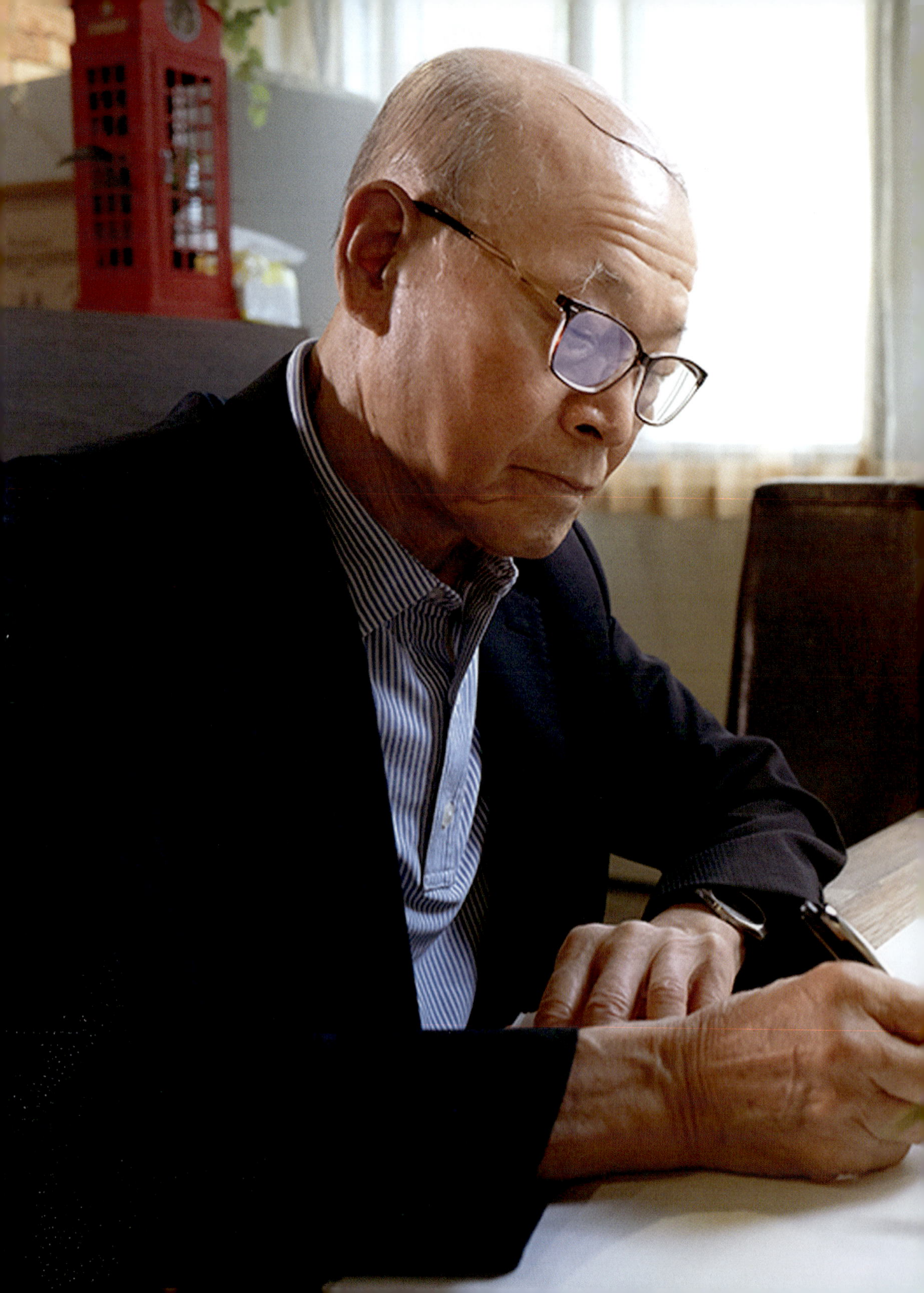

誠樸精勤 學藝其專
堅定路線 一路往前

和泰汽車
前總經理 陳順德

出身彰化農村的陳順德,升學時選擇彰化高工汽修科。高二時,家中開設洗衣店,陳順德放學後需照顧生意,只能利用通勤的時間溫習課業,養成高效讀書的習慣,最終以全校第三名的優異成績畢業。原本他放棄升學,打算到汽修廠當學徒,怎料收到臺北工專(現臺北科技大學)的保送通知單,從此生命大轉彎,展開豐富多元的職場生涯。

同學相互鼓勵 日文打開進修大門

臺北工專匯集全臺灣各大職校的菁英，課業壓力繁重，同儕競爭意識強烈。全班 25 位同學中，彰化高工畢業生占了 5 位，大家約好組成讀書會，每週一起切磋課業，每個人以自己擅長的科目，互補不足，以團隊精神度過課業難關。

退伍前，陳順德在求職廣告中找到和泰汽車徵求汽車維修管理員的工作機會，考試前一天，他決定先到新莊的工廠看看環境，正巧遇到已在和泰工作的臺北工專同學，在同學大力保證下，陳順德安心考入和泰。

當時的總經理蘇燕輝鼓勵新進員工運用下班時間進修日文，並表示日文程度優秀者，未來有機會外派日本受訓。陳順德憶及老家有一位鄰居是日裔教授，時常到洗衣店跟父母親聊天，當時種下對日文的興趣。聽到總經理的期勉，便利用下班時間，認真補習日文。

　經過兩年多的努力，陳順德獲得赴日研修三個月的機會。同期的學員中，除了他一個臺灣人，其餘全是日本人。由於和泰為日本 TOYOTA 與 HINO 的總代理，工作中運用日文的機會較多，陳順德優異的語言能力和受訓經驗，為他贏得

許多曝光機會，工作歷練自然比同儕精彩。

歷練豐富 46 年如一日

在一般人的職涯中，以跳槽尋求發展機會可謂常態。像陳順德一樣，在同一個集團奉獻 46 年，從基層一路升至總經理實屬少見。陳順德表示，進入集團之後，只要接到輪調的派令，他絕對沒有第二句話，坦然接受新的挑戰，並且認真學習專業知識。日子一久，除了總務、財務與第一線銷售之外，陳順德幾乎每一個部門都待過，因此成為集團開疆拓土的首選大將。

1992 年，和泰集團決定進軍中國市場，關鍵的市場調研便由陳順德負責。1997 年，集團在上海成立中國第一個銷售據

點。2003 年，為了深耕中國市場，和泰汽車設立中國事務所，執行長的人選不做第二人想。2005 年，上海和凌汽車成立，經銷 TOYOTA 高階品牌 LEXUS。除了自用客車，和泰汽車亦拿下 TOYOTA 的產業車輛經銷，舉凡長短租、機械設備等業務一應俱全，前前後後已經發展近 30 個據點。當中每一個關鍵發展，都能看到陳順德打拚的身影。

成為和泰總經理 首任非資方專業經理人

1996 年被派任國都總經理，二年後歸建和泰，成為首任非資方專業經理人的總經理，和泰再創高峰。陳順德笑著說，當時身為第一任非資方身分的和泰汽車總經理，身負極大壓力，萬一做不好，以後一般員工便沒機會擔任總經理了。

在國都當總經理時，因為他是八家 TOYOTA 經銷商中，唯一沒有在第一線賣過車子的總經理，所以要比別人更勤快地

走訪第一線。因此，在 1996 到 1997 年之間，陳順德以 4 項管理方式，積極參與經營。包含時常親臨銷售現場的走動式管理；利用資訊平台追蹤營業所的每日銷售目標，一發現落後便隨時補強，從過程強化銷售；在販賣競賽期間，只要營業所達到目標，當天陳順德便趕赴營業所切蛋糕，祝賀一線員工的成就；除此之外，年度販售百台的業務代表貢獻極大，公司每年舉辦酬謝餐會，讓每一位達標的業代攜伴，與該所課長共同赴宴，慰勞一年的付出。在一連串的努力下，1996 年與 1997 年，國都汽車蟬聯經銷商販賣競賽冠軍與年度最優秀經銷商的殊榮。

　　1998 年，和泰的總經理即將退休，過去兩年在國都汽車的精采表現，讓陳順德歸建和泰，接下總經理一職。當時蘇燕輝

董事長有感汽車市場競爭激烈，TOYOTA 的成果不如預期，於是日本高層協商後，由豐田汽車、國瑞汽車與和泰汽車合作成立改革團隊，展開企業再造的大工程。經過一系列的企業內外升級，成績斐然。當時推出的 4 款新車廣告宣傳轟動全臺，包含重金禮聘國際巨星布萊德‧彼特與小甜甜布蘭妮，分別代言 Altis 和 Vios，以及在遠東航空機身彩繪 Camry 宣傳廣告，於圓山大飯店外牆廣告 Wish 等大手筆舉措，讓原本預定於 2003 年拿下全臺汽車市場市占率第一的宏願，提前於 2002 年達成，成為陳順德職業生涯不可抹滅的功蹟。

退而不休 投入校友會提攜後進

一路走來，陳順德對人生感到十分滿意，他歸納出四個關鍵習慣；第一是養成運動的習慣，無論是維持 30 年的晨跑、

打了 48 年的高爾夫，還是近兩年養成的爬山嗜好，都讓他有豐沛的體力與清晰的腦力面對生活挑戰；第二是正面思考的習慣，在任何問題中找出解決方案；三是終身學習，以免被時代的浪潮淹沒；最後是誠懇待人，嚴謹處事，不但容易累積好人緣，在工作上也會被上級看重。

回顧過往，陳順德始終感念母校的栽培，尤其校訓「誠樸精勤」影響了他一生的發展。擔任和泰總經理時，他不定期將 TOYOTA 認證車捐給母校，供在校生拆解學習。退休後，陳順德積極投入校友會事務，幫助校友相互串聯資源。他鼓勵學弟妹多參與校友會活動，既能豐富生活，又能拓展職涯機會。期待他能持續傳承更多寶貴的經驗與智慧，幫助有心貢獻所長的年輕一輩愈走愈遠。

陳順德 55 機械二

- 和泰汽車 前總經理
- 國都汽車 總經理
- 中國事務所 執行長
- 東部汽車 董事長
- 花蓮縣臺北科大校友會 常務理事
- 臺北科大校友總會 監事
- 彰工旅臺北校友會 理事

專訪影音

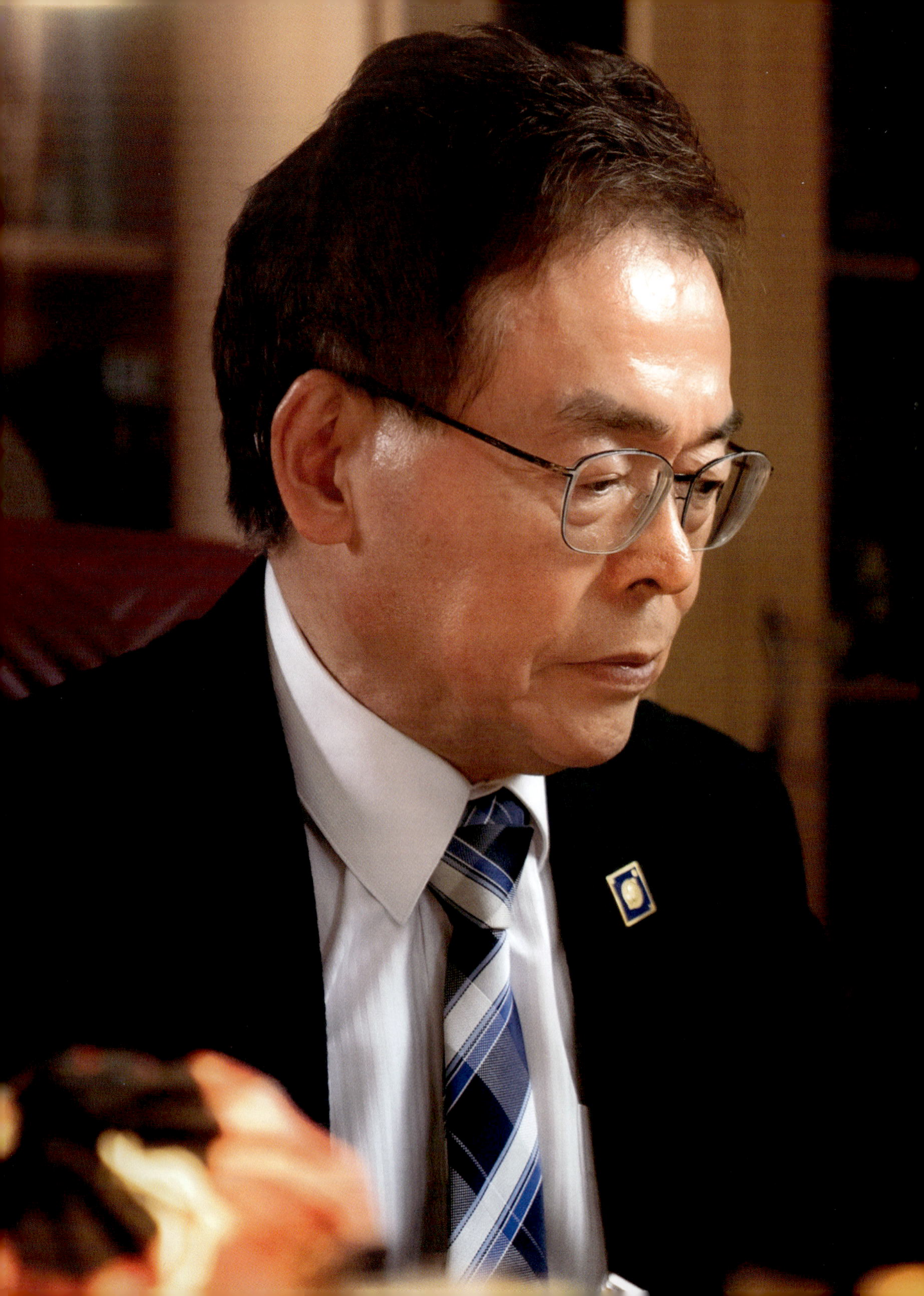

閃耀引導，聰慧抉擇——
跨領域領導的卓越先鋒

福佑科技有限公司
董事長 呂朝福

  呂朝福的祖父、父親都是鄉下長大，當時就住在還沒有重劃之前景色優美的桃園青埔，也就是現在的桃園高鐵站這區域。在呂朝福6歲半時，全家跟著父母搬到桃園市區來經商。呂朝福在桃園土生土長，父母重視「品格」，家教非常嚴格，他一路都是乖乖地認真讀書，從國小、國中、高中，甚至到大專都是如此。

  他始終相信：「一位真正令人尊敬的成功人士，不是看你一生中賺了多少錢或擊敗多少人，而是看你能幫助多少人。」

東元電機員工到協力廠 創立福佑科技

　　呂朝福在大專畢業服完預備軍官役後,即進入東元電機與美國奇異、日本安川合資的台安電機股份有限公司任職,服務時間約 10 年。在這段時間裡,他學習並認識到許多專業科技產品,提升了管理能力,並建立了豐富的人脈,為他在電機專業領域打下了深厚的基礎。1989 年,呂朝福決定創業,先後成立了幾家公司,後來又創立了福佑科技有限公司,並與母公司台安電機公司合作,專業經營特高壓與高低壓配電盤等業務,當時服務的對象主要是臺灣的傳統產業,包括化學工廠、機械工廠、紡織業等。

隨著臺灣產業轉型至 PC 板產業，桃園佔了 PC 板產業的七成，這讓呂朝福的公司剛好趁勢而起，專業技術得以服務這些廠商。他的公司以高效率、高品質和良好的售後服務在業界建立了知名度，業績持續增長。

　　呂朝福算是臺商第一代，隨著產業轉移，他與臺商、營造廠、建築師及電機業者等一起轉移至海外，包括中國大陸和越南，其中蘇州崑山成為他的營運大本營。不論是在臺灣或中國，他始終秉持著永續經營的理念，強調品質優良、不偷工減料、服務到位以及重視信用，這使得福佑科技在業界獲得高度的肯定。這一理念也是他在東元電機期間學到的重要工作精神。

嚮往臺北工專 選讀北科大 (EMBA) 專班

呂朝福始終相信「書到用時方恨少」，所以他不斷通過學習來提升自己的領導能力。臺北工專曾是他年輕時最嚮往的學校，當時建中與臺北工專是學生們的首選志願。由於對電機充滿興趣，他深信臺灣的經濟實力來自於科技業的推動，而科技業的成功又依賴於專業科技人才的支持。因此，在進修管道的選擇上，他報考了國立臺北科技大學管理學院資訊與財金管理 (EMBA) 桃園專班，並於 2019 年順利取得碩士學位。

在北科大 EMBA 專班學習期間，呂朝福學到了許多過去未曾接觸的專業知識，同時結識了許多新朋友。他對北科大的百年校史、優秀的師資及豐富的實務經驗深感欽佩。北科大的校友數量超過十萬人，其中許多人在業界表現卓越，據說臺灣約有

10% 的上市上櫃企業的經營者或高階主管都是北科大的校友。選擇北科大，對呂朝福而言，是他人生中最正確的決定之一。

毅然投入政界 六年副市長 利國利民

2007 年，呂朝福被推舉為當時桃園縣桃園市的副市長。他的祖父曾告誡他：「自古沒有官商兩得利」，意思是做官就應該全心全意，不能兼顧生意。呂朝福認同這種觀點，認為做官要留名，應以服務為本。於是，他決定暫時放下自己的事業，將全部精力投入到副市長的職責中，全心全意為鄉親市民服務。

從 2007 年到 2012 年，呂朝福在副市長任內協助市長推動了多項市政建設，提升了文化創新發展，照顧了弱勢團體，促

進了社區發展，並成立了社區大學。他還積極協助學校改善軟硬體設施，推動工商業發展。六年後，呂朝福清楚地意識到「上臺靠機會，下臺靠智慧」，因此他選擇在時機合適時主動卸下職務，讓後起之秀接棒，繼續推動市政建設。

斜槓人生 開啟人生新階段

作為電機專業出身的業者，呂朝福的客戶遍及兩岸及東南亞。在一次機緣中，他結識了從德國回來的海能量科技開發工業有限公司董事長陳茂雄，並深入了解了石化洗劑對人體健康和環境的破壞。呂朝福對此深有感觸，於是加入了海能量科技團隊，擔任副總經理，並於2020年成立海之神生技有限公司，

專注推廣愛家愛地球的高科技環保潔淨產品。

呂朝福曾多次安排產官學研領域的專家學者和企業伙伴參訪海能量，每次簡報和產品實驗測試都讓與會者對產品讚不絕口。這些產品不僅能保護人體健康，還能淨化環境，且完全零污染。因其優秀的環保特性，2000年時，海能量產品被聯合國指定為最優良環保產品，並獲得歐盟的大力推薦，屢次榮獲國際獎項，成為值得推廣的環保產品。

一位真正令人尊敬的成功人士，不是你一生中賺了多少錢或擊敗多少人，而是能幫助多少人

呂朝福的座右銘是：「一位真正令人尊敬的成功人士，不在於賺了多少錢或擊敗了多少人，而是看能幫助多少人。」不論

他擔任家長會長、EMBA班聯會會長或校友會理事長，他始終以助人為樂。疫情期間，呂朝福連續三年主動捐贈防疫物資，並號召EMBA校友捐助母校北科大及北科附工。此外，他還募集獎助學金幫助北科大弱勢學生，協助雲林青年回鄉就業計畫，贊助北科學子至馬祖偏鄉關懷社區，創立桃園市臺北科大EMBA校友會，並積極推動母校與桃園產官學研的合作。

花若盛開，蝴蝶自來；人若精彩，天自安排

呂朝福深信：「花若盛開，蝴蝶自來；人若精彩，天自安排。」他認為，人生在世，要做有益於人類社會的事，這樣才不枉來世間一回。他希望這一理念能一代代傳承下去，並期許未來「今日我們以北科大為榮，明日北科大以我們為耀。」藉此與所有優秀的學長姐們共勉之。

呂朝福 106 資材 EMBA

- ◆ 福佑科技有限公司 董事長
- ◆ 海能量科技 副總經理
- ◆ 桃園市北科大 EMBA 校友會 創會理事長
- ◆ 桃園市松柏大學 主任委員
- ◆ 桃園市政府 市政顧問
- ◆ 桃園高中文教事務基金會 董事長

專訪影音

從鄉村少年到
台化總經理的蛻變之路
一段跨越貧困的奮鬥史

台灣化纖股份有限公司
前總經理 黃棟騰

　　台化前總經理黃棟騰從嘉義貧困村莊起步，憑藉對技術的熱愛和不懈努力，逐步晉升，最終成為台化的重要領導者。黃棟騰在學校表現優異，對化學和物理產生濃厚興趣。進入台化後，他從基層技術員做起，迅速脫穎而出，並參與多個重要項目。黃棟騰在技術革新方面做出卓越貢獻，提升了公司的生產效率和產品質量，並展示了出色的管理能力，強調團隊合作和員工發展，積極推動公司技術升級和國際化發展。

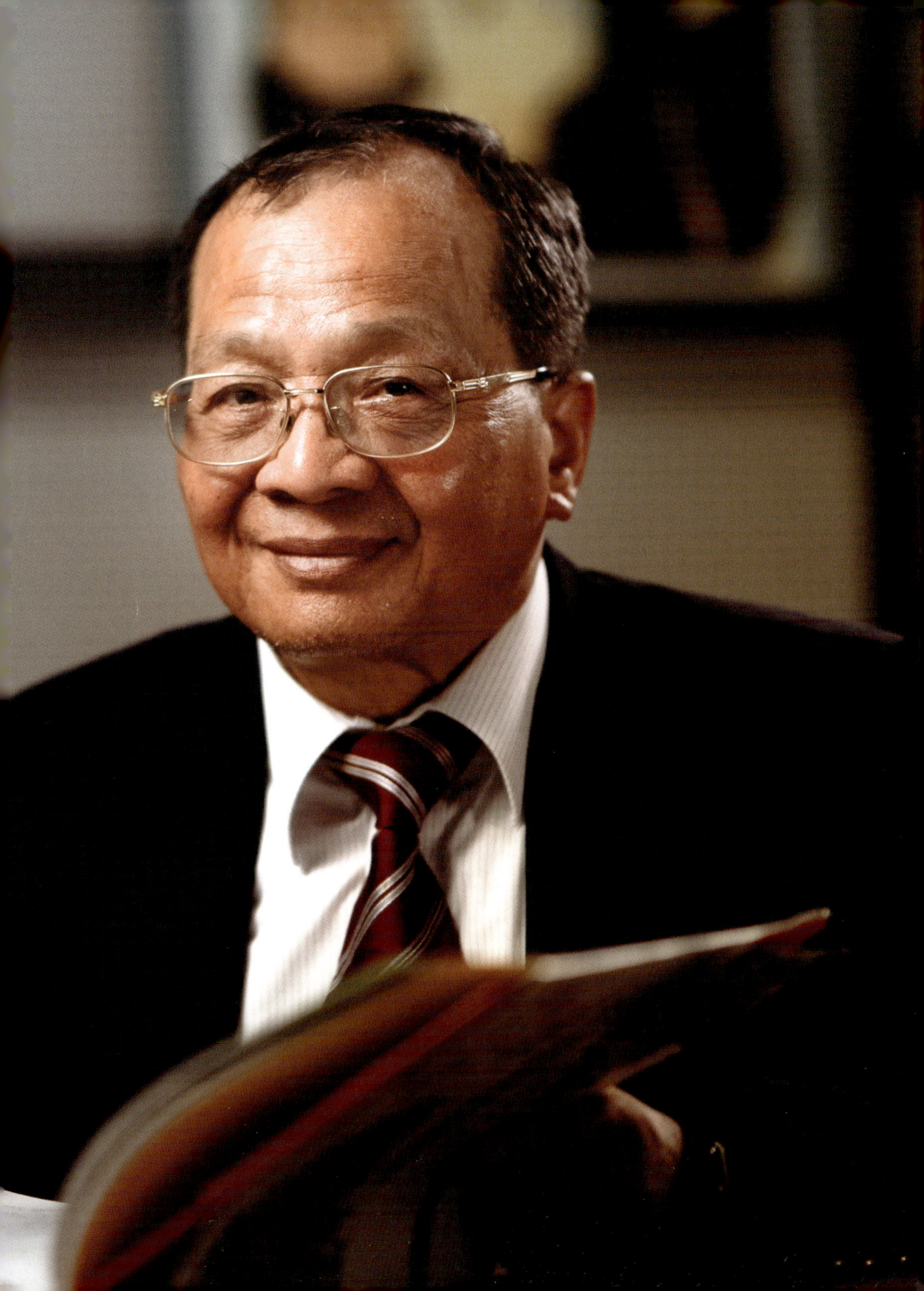

初入人世 鄉村少年的夢想

　　黃棟騰，來自嘉義六腳鄉蒜東村的一位鄉村少年，從小在經濟落後的環境中長大。他的父母勤奮工作，儘管家境清寒，但他們深知教育的重要性，堅持讓黃棟騰接受良好的教育。在學校中，黃棟騰表現出對化學和物理的濃厚興趣，這成為他日後選擇化工專業的重要基礎。這份對科學的熱愛和探索精神，使他在求學階段奠定了堅實的學術基礎，並在之後的人生道路上成為他奮進的動力來源。

　　高工畢業後，黃棟騰順利考入臺北工專化工科，開始了他在化工領域的職業生涯。進入職場後，他很快意識到，自己與來自名校的同事相比，無論在學歷還是專業知識方面都處於劣

勢。這讓他感到壓力重重,但這樣的處境也激發了他更大的奮鬥決心。黃棟騰下定決心,要通過不懈努力來彌補這些差距,並超越那些起點比他高的同事。

技術革新 領導台化的卓越貢獻

進入台化後,黃棟騰從基層技術員做起,面對比自己學歷更高、背景更強的同事,他並未因此氣餒。相反,這樣的差距激發了他更大的奮鬥決心。他利用下班時間不斷學習化工專業知識,並堅持研讀國內外的專業期刊,將有價值的內容詳細研讀並翻譯成中文保存。這樣的學習方式讓黃棟騰逐步建立起自己的知識體系,並能夠在工作中提出切實可行的解決方案。

除了自學,黃棟騰還積極參與專業培訓和技術研討會,利用

出國考察的機會，到國外的先進工廠觀摩學習。他認為，僅依靠書本上的知識是不夠的，必須親自去觀察和體驗，才能真正掌握先進的技術和管理方法。這些經驗使得他在面對複雜的工廠運作和管理問題時，能夠從容應對並提出創新解決方案。

黃棟騰的努力得到了回報。他很快在公司內部脫穎而出，從一名普通的技術員逐步晉升為課長，負責管理和技術研發。在這個階段，他參與了多個重要項目，並逐漸積累了豐富的管理經驗。這些經驗為他後來的職業發展奠定了堅實的基礎。

勇於創新 面對挑戰與推動國際化

在台化的工作中，黃棟騰專注於技術精進，同時在管理上展現了過人的才華。他領導的團隊在技術革新方面取得了顯著成果，特別是在 PTA 生產線上的改進，大幅提升了公司的生產效率和產品質量。黃棟騰強調實踐與理論相結合，認為技術應

該在實際操作中得到驗證和應用。他積極推動公司進行技術升級，並與國際知名企業建立合作關係，提升了台化的國際競爭力。

他的創新並不僅限於單一領域，而是涵蓋了整個生產流程。他強調工廠的整體運作應該協同且高效，這需要跨領域的知識和管理經驗。因此，他深入學習了材料、機械、自動化控制等領域，這些多學科的知識融合讓他能夠在化工廠的設計和運營中提出全面且有效的解決方案，並在多個技術領域實現了突破。

黃棟騰特別注重與員工的溝通和團隊合作，並在公司內部建立了開放透明的管理風格。他認為，企業的成功離不開每一位員工的努力，只有凝聚員工的力量，才能推動公司不斷進步。因此，他積極鼓勵員工提出意見和建議，並採納合理的建議，

這樣的做法不僅提高了員工的工作積極性，也為公司創造了更加和諧的工作環境。黃棟騰在職業生涯中，始終保持對知識的渴望和對技術的熱愛。他不僅專注於化工領域的深耕，還拓展至材料、機械、電機、自動控制等相關領域。他認為，單一的專業知識不足以應對現代工業的複雜挑戰，因此他不斷學習並涉獵多元領域的知識。黃棟騰利用出國考察的機會，參與國際工廠的觀摩學習，從中汲取了寶貴的經驗，這些經驗幫助他在面對工作挑戰時，能夠提出創新解決方案。

　　黃棟騰經常強調，學習應包括對其他相關領域的涉獵和理解，這樣的跨領域學習可以幫助他在面對複雜問題時，提出更全面的解決方案。這種學習和實踐的結合，讓他在化工領域內樹立了自己獨特的專業形象，也使他能夠帶領團隊完成多項大型化工廠設計項目。

　　此外，黃棟騰還認為，企業的發展需要不斷的技術創新，而

這種創新必須建立在對市場需求的深刻理解之上。為此，他不僅注重技術研發，還經常參與市場調研，了解客戶的需求和行業的發展趨勢，這使得他的技術創新更加符合市場的需求，也為公司的發展帶來了新的機遇。

夢想與堅持 一段激勵無數人的成功旅程

黃棟騰堅信複利原則，認為持續不斷的積累，無論是在專業知識、健康養生，還是財務管理方面，最終都會帶來豐厚的回報。在職場上，他通過不斷學習和實踐，從基層技術員逐步晉升為公司高層，領導團隊完成了多個百億台幣規模的大型化工項目設計。

在健康養生方面，他深入研究中西醫理論，並將其應用於日常生活中，保持身體健康；在財務管理上，他同樣運用複利原則，

通過長期穩健的投資，實現了財務自由。黃棟騰的成功不僅來自於他在專業領域的卓越表現，更源於他對生活的全方面平衡與管理。

他常強調，成功的定義不僅在於職業成就，還包括家庭幸福與個人健康。他深信，只有在事業與生活各方面都達到平衡，才能真正實現圓滿的人生。這種全面的生活態度，使他在事業和生活中都取得了令人欽佩的成就。

黃棟騰的職業生涯是一個不斷挑戰自我、超越自我的過程。他憑藉堅定的信念和不懈的努力，創造了屬於自己的成功故事。他的經歷不僅展示了一位企業家的奮鬥歷程，也是一個激勵人心的範例，告訴我們無論起點如何，只要堅持不懈，最終都能夠實現自己的夢想。

黃棟騰 62 化工二

- 台灣化學纖維股份有限公司
  前總經理｜前總工程師｜前董事
- 台化興業(寧波)公司 前總經理｜前董事
- 福懋興業股份有限公司 前董事
- 福懋科技股份有限公司 前董事
- 台塑合成橡膠公司 前董事
- 北科源科技股份有限公司(越南) 董事長

專訪影音

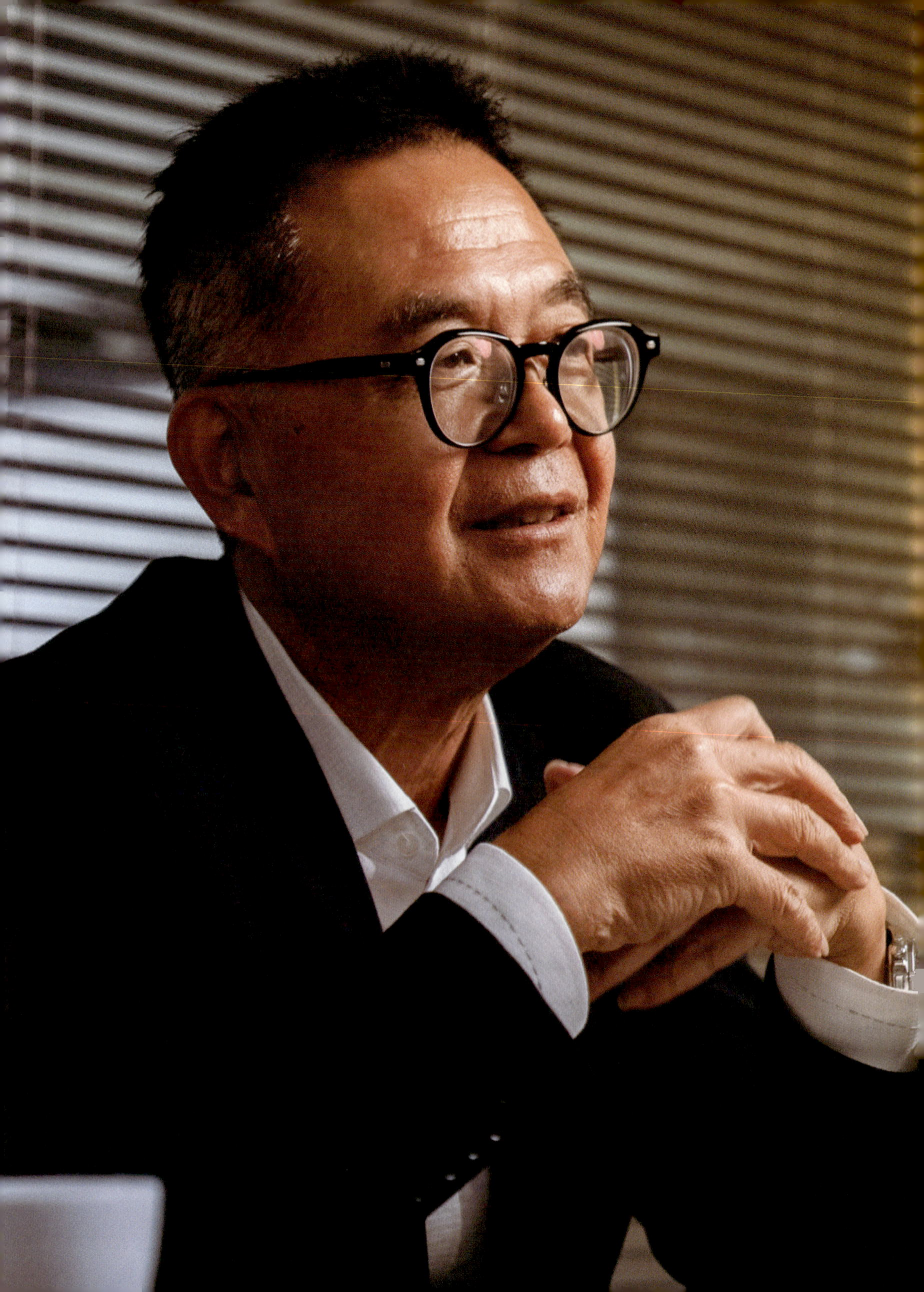

從工地監工
到量身打造別墅業界翹楚
一段建築奇蹟的傳奇

禾固營造 / 建設機構

董事長 張啓章

　　在大臺中建築營造業，有一個名字總是讓人聯想到精準與效率，他就是張啓章。從一個平凡的建築工地監工，逐漸成為業界翹楚，他的故事充滿了艱辛、挑戰與無數的成功案例。在這次專訪中，我們將深入挖掘到張啓章如何憑藉堅持與專業，實現一個個看似不可能完成的任務，並成為中部蓋別墅的佼佼者。

起步艱辛 磨練與成長 烈日下的堅持

　　張啓章的職業生涯始於一個監工，他最初的任務是簡單的體力工作，這些工作雖然辛苦，但為他打下了堅實的基礎。早年的經歷讓他學會了如何在逆境中求生存，也讓他深刻體會到建築工作的複雜性和重要性。他經常回憶起那些日日夜夜的奮鬥，不僅是為了生活，更是為了追求心中的理想。工地上的工作不僅僅是體力的考驗，更是心智的磨練。張啟章常常需要在烈日下長時間工作，面對風雨無阻的挑戰，但他從未退縮。這種堅韌的性格讓他在之後的職業生涯中能夠面對各種困難並迎難而上。

逆境中的突破 第一個重大建築項目

張啟章的第一個重大挑戰來自於一個急需在三個半月內完工的建築項目。這個項目原本已經拖延了很久，業主急需在短時間內完成以收回工程款。張啟章接手後，憑藉過人的毅力和出色的管理能力，帶領團隊日以繼夜地工作，最終在預定期限內順利完工，並成功收回了工程款。在這個過程中，他展示了卓越的領導才能和決策能力，合理安排每個工序，確保每個細節都不被忽略。他的這次成功不僅為他贏得了業主的信任，也讓他在業界嶄露頭角。

接手這個項目時，張啟章深知責任重大，這不僅僅是工程完工問題，更關係到業主的信任和公司的聲譽。因此，他在一開始就進行了詳細的計畫和準備工作，制定施工計畫，將工作時

間精確到每一天，甚至每一個小時。他們採用了倒排工期的方法，確保每個環節都在預定的時間內完成。

張啟章強調資源的合理配置，決定採用分段施工的方法，同時進行多個工序，以提高效率。他調集公司最優秀的技術工人，並在工地上設立了臨時辦公室，親自監督每一天的工作進展。為了確保工程質量，他每天都會親自檢查施工現場，解決遇到的問題，並根據實際情況隨時調整施工計畫。

在施工過程中，張啟章注重與業主的溝通，定期彙報進度，及時反饋問題，並聽取業主的意見和建議。這種開放透明的溝通方式不僅贏得了業主的信任，也讓業主感受到了他的專業和誠意。業主對他的工作態度和效率大為讚賞，表示願意在未來的項目中繼續合作。

這次經歷讓張啓章明白，建築行業不僅僅是技術和體力的較量，更是管理和協調的藝術。他學會了如何更有效地管理團隊，更科學地安排施工計畫，在確保質量的前提下提高效率。這些寶貴的經驗為他日後的創業奠定了堅實的基礎。

從監工到老闆 開啟創業版圖

在完成多個成功案例後，張啓章決定創立自己的公司。他創業的初衷非常簡單，便是希望能夠更好地控制工程質量和進度，不再受制於其他人的安排。創業初期，他依然面臨資金短缺和人手不足的問題，但這些困難並未阻止他前進的腳步。他相信，只要堅持使命必達的精神，就一定能克服一切困難。

張啓章的公司在初期經歷了很多困難，但他始終堅持自己的原則。他不僅親自參與每一個項目的管理，還不斷學習新的技術和管理方法，提升自己的能力。憑藉著這種不懈的努力和對質量的嚴格要求，他的公司逐漸在市場上建立了良好的口碑，業務也逐漸擴大。

　　在創業的過程中，張啓章深刻體會到，創業不僅僅是為了個人的成功，更是為了帶動整個團隊的發展。他注重團隊建設，努力營造良好的工作環境，讓每一位員工都能夠發揮自己的潛力。在他的帶領下，公司逐漸形成了一個高效、合作的團隊，這也是公司能夠不斷發展壯大的重要原因之一。

張啓章最為人稱道的，便是他對於工程進度和質量的嚴格把控。在一次高難度的豪宅建築項目中，他成功地在預定時間內完成了所有工程，這個項目最終不僅使業主非常滿意，也為他贏得了更多的業務和信任。他常說，做工程就像打仗一樣，需要精準的計畫和迅速的執行，這樣才能在競爭激烈的市場中立於不敗之地。

　　張啓章的精準與效率來自於他對每一個細節的關注和對每一個環節的嚴格要求。在他的領導下，公司每一個項目都能夠按時完成，並且質量達到甚至超過預期。這種對工作的嚴謹態度不僅贏得了客戶的信任，也為公司贏得了更多的業務機會。

　　此外，張啓章還注重技術創新和管理創新，不斷引入新的技術和管理方法，提升公司的競爭力。他認為，只有不斷學習和進步，才能在變化莫測的市場中保持領先地位。這種對

創新的追求和對質量的嚴格要求，使得張啓章的公司在激烈的市場競爭中脫穎而出，成為別墅營造業的佼佼者。

未來展望 打造更多的經典項目

張啓章並不滿足於現有的成就，他始終在尋求新的挑戰和突破。他計畫在未來進一步擴大公司的業務範圍，並致力於開發更多高品質的建築項目。他相信，只要保持初心，繼續秉持「使命必達」的精神，就一定能夠創造出更多的經典作品，為建築業界帶來更多驚喜。

在推動企業發展的同時，張啓章也非常重視環境保護和可持續發展。他致力於推動綠色建築技術的應用，打造節能環保的建築項目，減少對環境的影響。他希望能夠通過自己的努力，為保護地球做出貢獻，實現企業的永續發展。

張啓章的成功故事告訴我們，只要有夢想並為之不懈努力，就一定能夠實現自己的目標。他憑藉堅韌不拔的精神和卓越的管理能力，從一個平凡的建築工地監工成長為業界翹楚，創造了無數的輝煌。他的經歷激勵著無數建築業者，提醒他們只要不忘初心，堅持夢想，就一定能夠在建築業界創造屬於自己的傳奇。

張啓章 72 土木二

◆ 禾固營造 / 建設機構 董事長
◆ 台中建築品管協會 創會長
◆ 台中建築五星級廠商聯誼會 創會長

專訪影音

堅持到「最後一秒鐘」
才肯「做出重大決策」

君國天下集團

董事長 魏榮宗

「做對關鍵決策，可以減少 20 年的奮鬥」，「做錯關鍵性的決定，會讓你痛苦 20 年」，做出好的決定，比努力工作來得重要許多。魏榮宗強調：在決策過程中，他常常把一些關鍵的細節和細節延伸出來的複雜環節，以超乎常人的耐性把它們連結起來，變成一幅有主題內容的畫作，藉由這幅畫，他更能洞悉整個事情的來龍去脈，大大地提高他做重大決策的準確度及效率。他深知自己沒有做錯重大決策的本錢，所以總比別人更小心地：堅持到最後一秒，才肯做出重大決策。

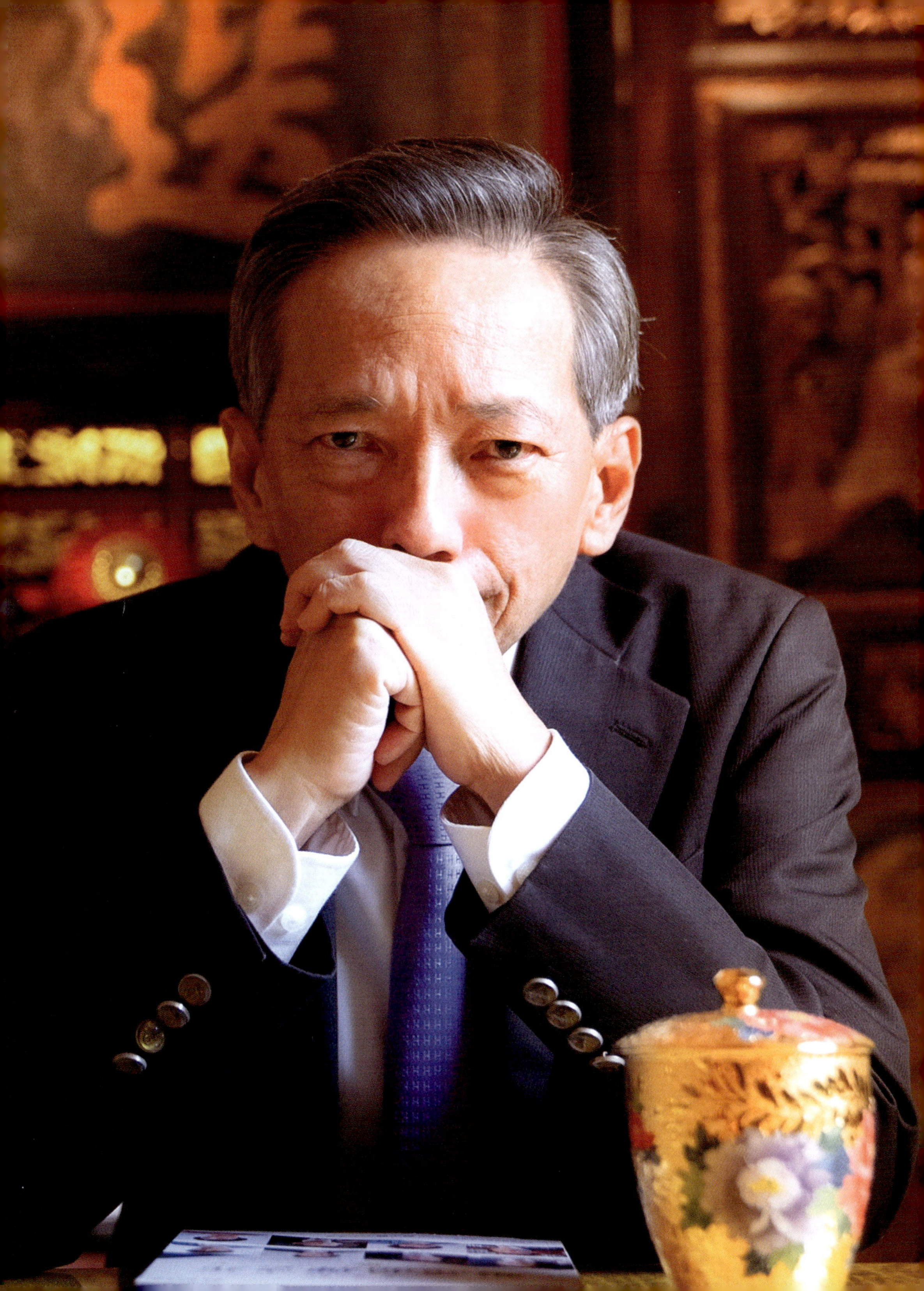

「打雜多、跑腿勤」，永遠贏別人一大截

在江湖道上混，大家重視的是解決問題的能力，不是名校的文憑、學歷。打雜多、跑腿勤的年輕人才是現代社會裡真正的高手：絕大部分的家長都希望能夠培育出傑出的第二代接棒，根據魏榮宗長期的觀察及經驗的累積，他有很深刻的體會，個人的學歷跟證照只是踏入社會最基本的門票而已，真正的決勝關鍵：是在於年輕人是否具備超乎常人的敬業態度，及工作韌性、應變及觀察能力…等等這些學校沒有教導的特質。但可惜的是，目前的家

長所重視的都是名校、學歷、文憑、論文⋯等證書，都比較不重視真正的實務經驗、基本訓練及真正的實戰經驗。

　　魏榮宗非常鼓勵讓年輕人有多跑腿、打雜的機會，不僅在這過程中可以訓練基本功，如處事態度、觀察及溝通協調技巧⋯等等，也同時可以培養他們在面臨突發狀況時，能有獨立思考解決問題的應變能力。不會因為高學歷而眼高手低，知道什麼時間該做什麼事，遇到什麼狀況應該停下來思考再做決定，在遭遇困難挫折時，知道如何尋找協助，藉由這些學校課堂上無法學習到的經驗和歷練，養成他們具備面對問題的勇氣和韌性，從失敗中意

識到缺失，並進一步修正自我。這對他們未來在創業、經營事業及人生過程中都是重要的養分。

盡量給接班第二代有「親臨戰場的機會」

現在魏榮宗也面臨到二代接班的問題，雖然自己橫跨營造、建設、環保的事業，也比較注重給第二代空間，但前提是必須事先給基礎的訓練和素養。身為公司董事長，魏榮宗對於管理，也有一套獨到的見解。他在帶領一個團隊時，難免會有與同仁意見相左的時候。當彼此的方向不一致、認知不同，他會選擇先詢問對方「為什麼這麼做？」再者，才提出自己的意見，並且盡量給予他們執行的主導權。

好比買一塊土地之前，子女們提出不同意見，有人支持、有人反對、有人不置可否，魏榮宗常常不表達任何意見，會先聽聽子女們發表不同的看法。例如兒子剛開始提出 A 方案，但是經過一段時間，他與建築師和仲介公司專業團隊討論之後，又改為 B 方案或 C 方案，最後魏榮宗提出他個人的看法和公司的整體需求評估之後，最終的決定有可能又更改為 D 方案。

　在和子女互動的過程中，魏榮宗盡量不講太多理論原則、也不主動協助他們做任何決定，多讓子女們動腦去解決問題，他常常設計問題引導子女們動腦克服困難。他喜歡站在子女們的

後方，偷偷地把他們「推進戰場」，讓子女們自己學習如何在戰場中存活下來，協助他們「一邊作戰、一邊學習」是魏榮宗對第二代接班的訓練方式。魏榮宗強調下一代如果沒有經歷過戰場的洗禮，是永遠不會進步的。

「精神飽滿的人」一定會成功

每天都精神飽滿、神采奕奕的人，永遠是世界上最成功、最幸福的人，只可惜99%的人都忽略了它的重要性，「精神飽滿」：代表一個人身體健康，而且能把自己吃飯、睡覺、運動的節奏安排得很好；「神采奕奕」：代表一個人的情緒管理良好，遇到事情可以臨危不亂，通常必須具備相當的實戰歷練及過人智慧，才有辦法到達這種境界，這也是魏榮宗一直在努力

學習和追求的目標。創業過程是一條漫長的馬拉松比賽，必須常常維持充沛的體力、耐力，時刻維持精神飽滿的狀態，才能有辦法面對不同的挑戰。

一生堅持「要走自己的路」

基層做起的魏榮宗，從年輕時的介紹大學生家教工作，一直到房屋租賃介紹、經營二手貨電視買賣生意、後來改行做建材買賣及傳統貨櫃運輸、租售、加工，又正式跨足營造、建設等領域，現階段已經在這個營造、建設舞台站穩腳步的魏榮宗，對於現況他從來不引以為滿足，面對艱困的商場環境，他永遠都有自己的一套事業經營哲學及求生之道。

魏榮宗今年 64 歲，許多人在 64 歲這階段都已經準備要退休了，他自認為目前精神飽滿及神采奕奕的狀況尚可，想趁早利用這輩子最後的歲月，投入時間、資源，以自己有限的能力去改善全球氣候變遷及溫室效應問題。目前已取得及申請中的專利已超過逾百件。他希望能對全球空污及地球暖化有所貢獻，相信不用太久就會有成果。

魏榮宗 73 紡化三

◆ 君國天下集團 董事長
◆ 英國劍橋大學博士後

高考及格證照：
◆ 國家高等考試及格 第 77 高專
◆ 智慧財產局專利代理人 高考證照
◆ 行政院公共工程委員會 合格技師

專訪影音

因應市場求新求變
毅力及洞察力創造的
一「線」商機

京凱企業有限公司

董事長 李春明

延長線被譽為家居和辦公室中的必備神器。從現代家庭的電器配置到辦公室的用電需求，都離不開這條簡單而實用的設備。這些簡單的電線不僅讓我們的生活變得便利，更是將電從一處傳輸到另一處的重要橋梁。在這個看似平凡的產品背後，蘊藏著京凱企業有限公司董事長李春明一生不懈的奮鬥史。

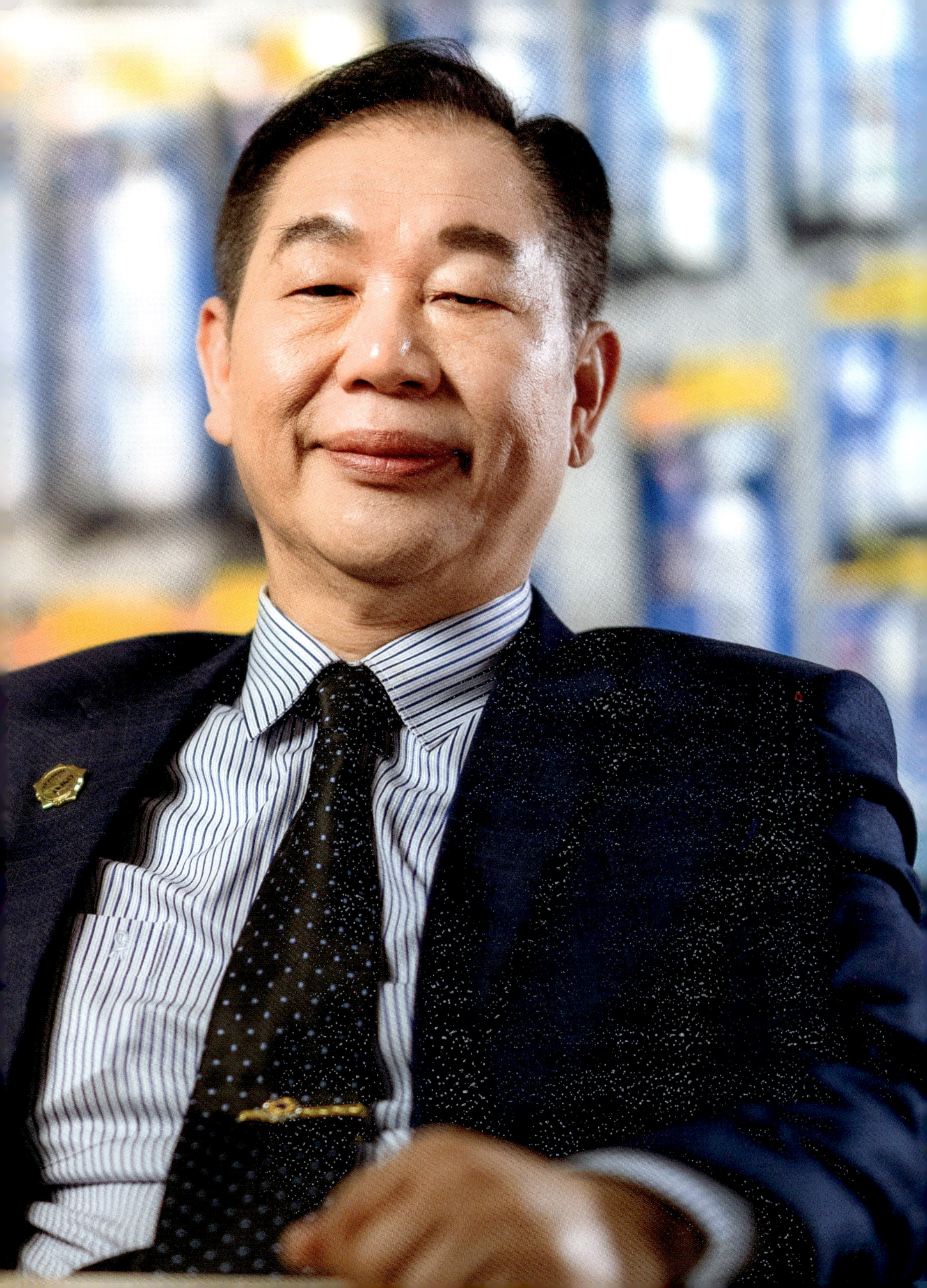

帶著積極面對的勇氣 正面迎戰人生難題

　　李春明的成長經歷承載著家庭的跌宕起伏，小時候母親為了家庭的前途，前往臺北工作，成為北漂的第一代，年幼的李春明被迫與最親的家人分隔兩地，而隔代教養背景，也塑造了他與眾不同的獨立性格。國中時期，他隨著母親搬遷到臺北三重就學，先後就讀碧華國中和格致中學。

　　李春明的求學歲月亦充滿著磨難和奮鬥，家庭經濟壓力迫使他採取半工半讀的方式。晚上他在夜校精益求精的學習，白天他奔波於工作崗位中，努力為生活費及學費拚搏。

　　除了九年的基礎教育，高中、大學甚至軍中，都是以半工半

讀的方式生活，李春明認為半工半讀雖然辛苦，但他卻可以將課本上學習到的知識理論，套用到他職場上， 或是用職場上的經驗，去驗證課本內的理論。也藉此鍛鍊了他的意志，更培養了他的勤奮和毅力。李春明堅信：「一枝草，一點露。」若肯努力奮鬥，就不用怕不能闖出一片天！

畢業後也擁有不少職場經驗的李春明決心繼續深造，他報考了臺北科技大學進修學院經營管理系。儘管當時已逾不惑之年，但他對學習的渴望和追求從未衰減。他驕傲地說，在臺北科技大學求學期間，他的積極表現和優異成績完全不輸給同屆的年輕同學。持續保持年輕、開闊的心態，也讓他跟年輕一輩的同學們相處起來一點也不違和。

膽識過人與事業眼光獨到 一線牽出的未來

提及創業原因，李春明坦言，其實在替別人工作的期間，他一直懷有成為老闆的夢想。恰好有次李春明母親認識的房客，詢問他是否對電源延長線產業感興趣，因為這位房客的朋友經營著一家電源延長線製造工廠，但已感到力不從心，想找人接手工廠的營運。李春明前往該工廠實地考察後，評估該公司已是一家成熟穩健的企業，並且延長線的零件製造相對簡單，再加上他過去在塑膠工廠的工作經驗，使得他對工廠產線的運作有相當程度的熟悉，因此他有信心可以頂下這個事業並加以經營。回家後，他向家人提及此事，起初母親並不支持，質疑延

長線的市場需求，語重心長的對李春明說：「戇囝仔，延長線我一輩子都用不到三條，你做延長線要賣給誰？」但李春明堅信延長線是民生必需品，屬於剛性需求產品，受景氣影響較小，只要擁有自己的品牌比代工更具優勢，能夠主動推銷並穩定市場份額，幾經多方評估後李春明決定接手一搏。

破「勇」而出 從挫折中找到力量

儘管家境並不富裕，但李春明憑著初生之犢不畏虎的勇氣，踏上創業之路。然而這條路並不平坦，資金短缺、人才招募、產品開發以及市場行銷等種種困難接踵而來。

公司成立初年，李春明滿心期待著能獎勵辛勤工作的員工，準備七萬多元作為舉辦尾牙的資金，迎接公司的第一個年終盛事。然而，工廠卻在尾牙前出現操作疏失，造成損失使得公司

預算被壓縮，因而尾牙的資金面臨著嚴重的短缺。面對這一突發情況，感到焦急和無奈，不得不向一位顧客預支購買產品的費用，來籌辦尾牙。而顧客也非常照顧他，爽快地答應了，這讓李春明感到非常感激和欣慰。

第二年，資金問題再度成為他的困擾。由於剛開始創業，公司聲譽尚不顯著，許多機台的購買只能以現金支付，為了解決資金壓力，他動用了祖父留下的祖產，向銀行借款 800 萬元，才稍稍緩解了資金壓力。

直到公司成立的第四年，公司營運漸趨穩定。然而，就在這個轉折點，李春明遭遇了一場生命中的重大挑戰，在某次和朋

友約好騎重機去嘉義，途中卻出車禍，送到醫院時，他的生命指數驟降至2，幾乎失去了生命跡象，不得不被送進加護病房，整整昏迷了兩個月才醒過來。在這段艱難的時期，李春明的妻子和家人們扮演了至關重要的角色，他們不辭辛勞地照顧著他，並且協助維持公司的營運。而李春明面對突如其來的生命考驗，他並沒有氣餒，反而更加堅定了自己的信念，決心要繼續堅持下去。在他的不懈努力下，公司逐漸走出了困境，重回了軌道，儘管這場意外使得李春明無法行走，但他對事業的熱情卻感動了無數客戶與員工，帶給公司一股正向力量循環。

提升產品的價值 創造不被取代的優勢

如今京凱企業自創的「威電牌」已經成為延長線市場的知名品牌， 30年來的努力發展，工廠具備開發、設計及大量生產

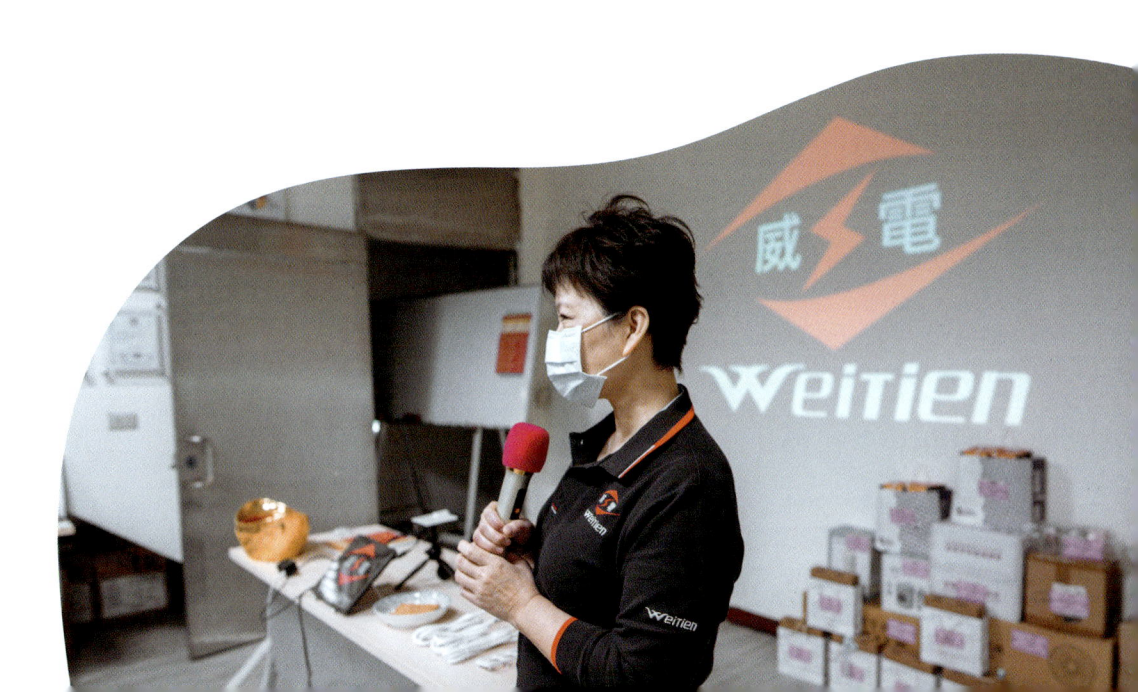

能力嚴謹的品質制度及優良的人才，使得工廠日益發展壯大，並率先取得國家 CNS 標準認證 R41087，以顧客的角度及需求不斷求新求變，製造更優質的產品及提供更好的服務。產品銷售遍及全國各地，並出口到海外市場。未來李春明希望能夠繼續拓展產品線，開發新的產品，滿足客戶不斷增長的需求。同時，他也計畫擴大生產規模，提高產品質量，提升企業競爭力。目標是將公司打造成一個百年品牌，成為行業的領頭羊，為社會做出更大的貢獻。

　李春明認為在這個社會生存就是要盡力去找出自己的價值、被看見，他更以「花開堪折直須折，莫待無花空折枝」與大家共勉之。

李春明 106 經管二

- ◆ 京凱企業有限公司 董事長
- ◆ 桃園市臺北科技大學校友會 總幹事
- ◆ 台灣雲林之友會 理事
- ◆ 桃園長祥同濟會 理事

專訪影音

商道而信

勇敢追夢 不畏困難
成就非凡人生

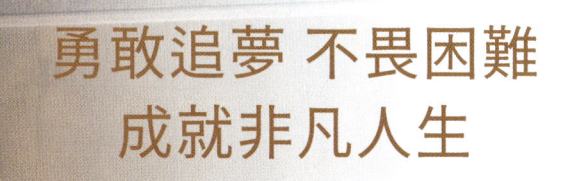

沃亞科技股份有限公司

負責人暨總經理 郭一男

　　沃亞科技的負責人暨總經理郭一男，從嘉義縣梅山鄉的農村小康家庭出發，經歷了童年幫忙家中生意、學業上的努力奮鬥，最終走上創業之路。他的故事充滿了挑戰和機遇，也展現堅持與努力的價值。

傳統市場學 成為郭一男童年的商業智慧啟蒙

郭一男出生在嘉義縣梅山鄉的一個小康家庭，父母在菜市場賣魚，家庭經濟雖不富裕但也算穩定。從小，他便在市場中幫忙，學會如何與人打交道，理解生意中的酸甜苦辣。這段市場經歷，讓他體會了很多與人相處和做生意的道理，學到做生意一定要提供給客戶全方位即時服務。

在這樣的環境中長大，郭一男從小便明白勞動的重要性。每年暑假，他都會和兄弟姐妹們一起剝筍乾賺取學費。學費的來之不易，讓他對學習充滿動力，期望透過教育改變家庭的命運。

然而，郭一男的童年並不全是順遂。因為他的父親在生意上失利，使得家庭經濟陷入困境。這些經歷讓他早早體會到生活的艱辛和不確定性，也讓他更加堅定了要靠自己的努力改變命運的決心。搬到臺北後，他看到父母為了重新開始而付出的努力，這給他很大的激勵，決心要更努力，為家人分擔壓力。

應變能力 從鄉村少年到臺北菁英的蛻變

郭一男在梅山國小和梅山國中就讀，學業成績一向優異。然而，因父親在生意上的面臨困境，迫使郭一男一家不得不遷居到臺北板橋，開始了新的生活。在新的環境中，他依然保持著對學習的熱情和對未來的堅定信念。轉學到板橋江翠國中後，郭一男面臨巨大的挑戰。因為入學時間較晚，他不得不在短時間內趕上課程進度。為了不讓家人失望，也不想讓人瞧不起，

他每天早上四點半起床學習，最終在月考中取得全校第九名的好成績。那段時間是他求學過程中最用功努力的一段，無論多辛苦，他都告訴自己一定要堅持下去。

除了學習上的挑戰，郭一男還面臨著適應城市生活的難題。臺北的生活節奏比鄉村快得多，各種新奇的事物讓他既興奮又緊張。但這些都沒有動搖他追求學業和未來的決心。每當感到疲憊或迷茫時，他便會想起父母在市場上辛勤工作的情景，這讓他重新找回動力，繼續努力。高中聯考後，郭一男捨棄第二志願不讀，以優異成績報讀了臺北工專（現臺北科大）電機科，這段求學經歷對他的人生影響深遠。臺北工專自由開放的校風，讓他得以結交來自不同背景的朋友，並在多元的環境中成長。這些年讓他學到很多，不僅是專業知識，還有做人做事的道理。

職場淬練 發揮自己的特長

在學校期間，郭一男為了減輕家裡的負擔，利用暑假時間打工賺取學費。他曾在成衣加工廠擔任作業員、餐廳、卡拉 OK 等地方擔任服務生，這些打工經歷中讓他更加理解工作的價值和人際關係的重要性，也更堅定了自己未來要走業務和創業的路。郭一男特別提到在臺北工專的自由氛圍和嚴謹的學術要求。這裡的老師不會因為學生的背景或成績就特別對待，每個學生都要靠自己的努力去爭取成績和機會。這段經歷磨練他的意志力，也培養解決問題的能力，對他後來的職業生涯有很大的幫助。

退伍後，郭一男面臨就業的挑戰。憑藉在臺北工專學到的專業知識和人際技巧，他進入一家電腦周邊設備公司擔任銷售員，開始了自己的職業生涯。隨後，他跳槽到一家家具公司，進一步磨練了自己的銷售技能。慢慢地，郭一男逐漸認識到自己在業務方面的天賦和興趣。後來，他加入一家監測分析儀器設備公司，從業務工程師做起，一路升任到經理、處長的職務。這段工作經驗是非常寶貴的經歷，不僅讓他學到專業知識，更懂得如何管理和帶領團隊。

創業之路　勇於實踐自己的夢想

在這家公司工作的 16 年裡，郭一男經歷多次公司內部的改

革和市場挑戰。他不僅學會了如何應對市場的變化，還掌握了企業運營的各個環節。這段時間裡，他的老闆劉先生給了他很多磨鍊和學習的機會，這讓他有機會從不同角度了解企業的運作。郭一男特別感謝他的前公司劉老闆對他的嚴格要求，使他不斷進步，這些經歷是他創業的重要養分。

之後，在當時他的女朋友，也是現在的妻子金肅亓小姐，以及相關團隊的支持下，郭一男決定創業。儘管面臨重重挑戰，他憑藉過去的經驗和人脈，成功創立了沃亞科技，專注於系統整合和專業服務。創業的過程中，郭一男遇到了很多困難，但正是這些挑戰讓他不斷成長。

在郭一男的帶領下，沃亞科技逐漸在市場上站穩腳跟，問起

成功的關鍵，他謙遜地說「用最好的服務贏得客戶的信任」。創業讓郭一男明白，只有通過不斷的創新和努力，才能在競爭中脫穎而出。面對市場競爭，郭一男始終保持著開放和創新的心態。他不僅注重技術的研發，還積極拓展市場，尋找新的合作機會。

此外，郭一男還特別注重企業文化的建設和員工的培養。他想要與大家分享「學願意」的工作態度，「只要你願意，再苦的事也就不苦了！只要你不願意，再平常的事，也會變得很痛苦、困難！」。他相信，只有員工的成長和進步，才能帶動企業的持續發展。郭一男希望每一位員工都能在沃亞科技找到自己的價值，實現自己的夢想。

在郭一男經營沃亞公司的歷程中，除了要感謝客戶們的支持外，他特別感謝家人、沃亞員工相挺和協助！沃亞公司和他個人也會懷著感恩的心，不斷地照顧員工並回饋社會。

郭一男的故事告訴我們，無論遇到多大的困難，只要堅持夢想並努力付出，就一定能夠實現目標。他用自己的經歷證明了，即使來自普通家庭，也能夠透過不懈的努力和堅持，成為一名成功的企業家。這段歷程中的每一個挑戰和機遇，都成為了郭一男不斷前行的動力和智慧來源。

郭一男 76 電機五

◆ 沃亞科技股份有限公司 負責人暨總經理
◆ 中華民國紅十字會 會員

專訪影音

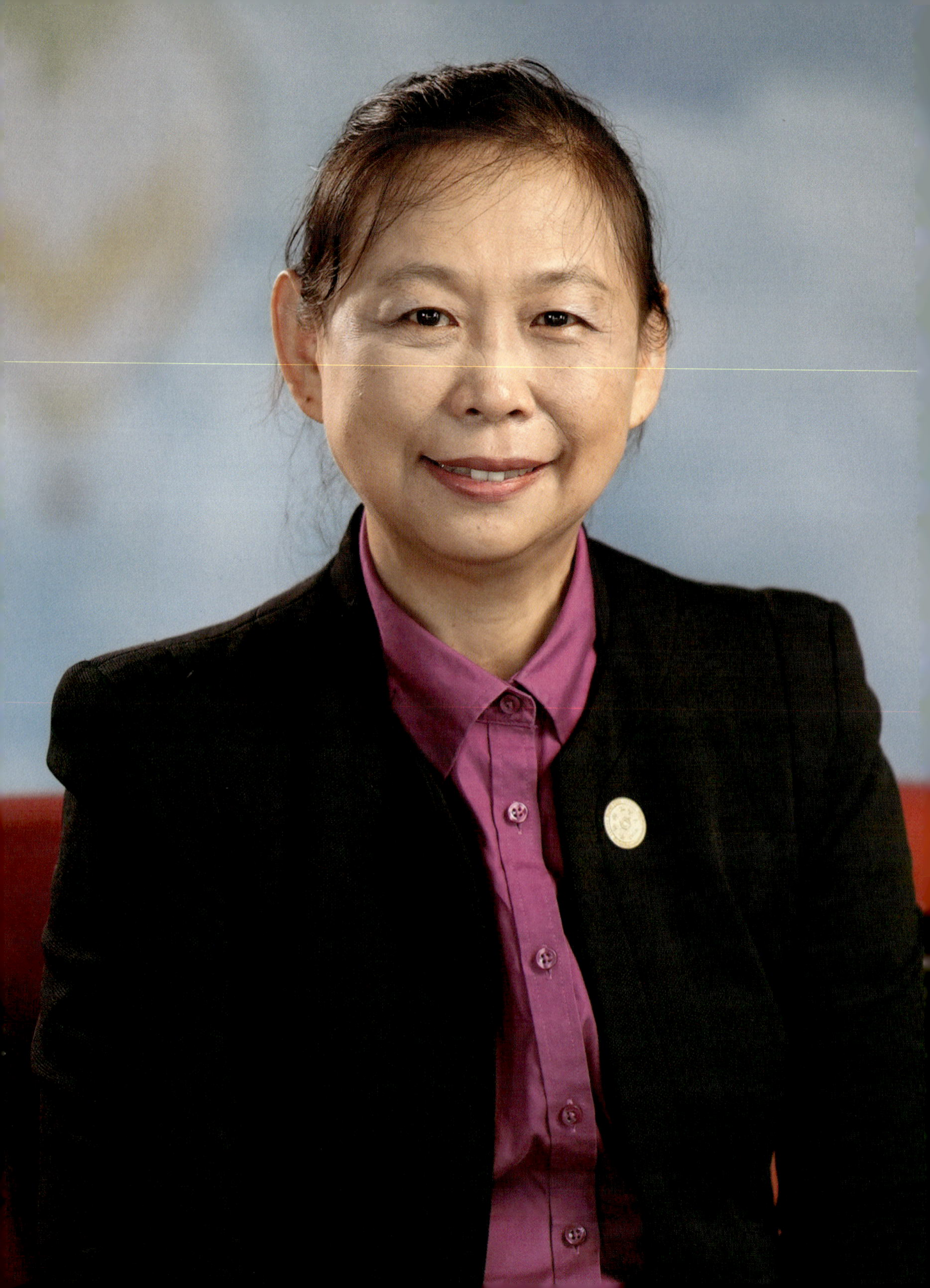

堅持與韌性 勇於迎接挑戰
把善的力量散播出去

海碁科技股份有限公司
董事長 陳美吟

　　從個人發展、專業工作、到社團團體，陳美吟始終以充滿熱情和毅力的態度，勇於迎接挑戰、學習與成長。因爲她的堅持與韌性，而被鄰里與學長喻爲臺灣阿信，這是一段關於她的故事，希望提供青年學子不懈奮鬥與成長的啟示。

堅毅追夢 以興趣與勤奮克服學習障礙

出身臺南、家境小康的陳美吟，受到在亞洲航空上班的父親所影響，從小即對理工領域抱持興趣，毅然選擇前往臺北工專就讀。就學期間，為了不給家中帶來負擔，她申請在學校附近加油站半工半讀。她的服務態度積極勤奮，曾受到車主偷拍加油服務照片寄到學校表揚。她對課業內容懷抱極大興趣，總是坐在第一排勤奮聽講、認真完成作業和筆記，因此一直在班上維持著優異的成績。

後來就讀臺灣大學環工所，畢業所著之論文還獲得當年度「碩士論文獎」第二名，相關成果被刊登在臺大工程期刊及共同發表 SCI 論文於國外著名之學術期刊。

同窗班對攜手創業 成功拓展國內外環保事業

陳美吟與她的先生陳瑞中是同班同學，因參加學校烹飪比賽而開始交往，兩人一起在加油站工讀，考試時一起K書。陳瑞中曾在臺北工專役畢班受訓電機電子專業學程，亦有紮實的水電及馬達機電家庭背景。夫妻於民國81年決定創業，共同創建「淨天公害污染分析處理有限公司」，至民國87年在嘉義設廠成立「旋天環保設備製造有限公司」。民國92年擴展至大陸，分別於深圳設分公司與昆山成立貿易公司，營運至今已逾30年。

因應新南向政策，近五年在外貿協會帶領下亦更前往印度、越南、馬來西亞、波蘭、羅馬尼亞、土耳其等地拓展業務，增加國際化視野之產業經驗與營運實績。

陳美吟為了強化專業能力，於民國105年繼續回臺大進修

EMBA 碩士學分班的課程，提升了科學化管理的能力與知識，得以應用在職場上，強化競爭力。

接受震災重建困境的考驗 學會感恩惜福

　　人生不如意事十有八九，民國 88 年 921 震災時，她居住的新莊雙鳳社區 A 幢集合住宅結構受損鑑定被列為黃單。隔年 331 地震，不幸成為危樓。重建會換過兩任主委仍原地踏步的五年後，民國 96 年，陳美吟在大家的推舉下擔當重任，沒有任何資源援助且有拆建問題、地上產權前建商與住戶債權人法律及銀行前貸問題、住戶整合、危樓空屋治安等等問題等待被解決。

舉凡都更專業的問題，陳美吟就請專家團隊來為住戶說明解惑。任何資訊及工程發包皆秉持公開透明。甚至遇有住戶躁鬱症在會議中發作，她還得柔和安撫其情緒。歷經波折磨難，最終因規劃完善及取得住戶、銀行及公部門之信任，歷經五年終於在民國 100 年重建完成，返回家園。因受到多人義務積極協助，而感恩惜福，於是在民國 105 年臺南維冠大樓震災時，陳美吟也與九二一震災基金會—謝志誠執行長及博士的家—李國民理事長一起前往幫助推動都更重建，把善的力量散播出去。

加入校友會：陳美吟的人生轉駁點

在民國 99 年震災都更重建動土典禮上，陳美吟知道鄰居江坤定是臺北工專校友，在坤定學長的熱心邀請下，陳美吟和她的先生一起加入了新北市臺北科大校友會。

陳美吟因加入校友會再度返校，民國 106 年化學工程系系友會創立，她與當時擔任化工系系主任陳奕宏博士是舊識，兩人在臺大環工所是學長與學妹關係。陳美吟因對環境產業和化工領域有深入認識，因此接受陳奕宏教授邀請加入校辦企業─海碁科技拓展金屬加工用生質潤滑油市場，並取得美國 USDA 認證，創造價值。

　　陳美吟秉持著奉獻精神加入海碁科技，儘管不如在自家公司舒適，甚至時常感到辛苦，但她確信這是為社會做貢獻的正確選擇。也因為受到海碁科技的重要股東、化工系友會的三位學長（王世雄、李義發、嚴隆財）的奉獻精神所鼓舞，深受感動，更加深了她想要為母校盡一份心的想法。

化工緣起 奉獻海碁 熱忱支持學弟妹們共成長

對於學弟妹們，陳美吟盡力用自己的力量幫助學弟妹們。化工系友會在第二年成立後，她收到了學弟妹們的求助，因為他們面臨著系學會成員匱乏的困境。在深入了解情況後，協助他們制定預算規劃。向監事會和大學長透明公開匯報後，大學長積極回應，讓他們校園生活不僅僅是學業和比賽，還包括交友和聯誼等，支持學生參與社團活動，培養興趣。作為系友會的系友，陳美吟透過實質且溫暖的方式支持並協助這些學弟妹。

對陳美吟來說，毅力是成功的關鍵因素。在半導體、重工業等不同行業中，她遇到了各種困難。過去，她在工作中感到辛苦，甚至想要放棄，尋找更輕鬆的工作。然而，當她跨入新的

領域時，發現每個行業都有其艱辛與挑戰，需要自己去克服。她希望學弟妹們不要只著眼於高薪或特定的公司，而是要意識到在任何行業都能取得成就。陳美吟認為，站在校友的資源之巨人肩膀上，即使初出茅廬，也能成長為企業家。

她以自身奮鬥的經驗提供學弟妹建言：初入職場時，不要僅因機遇或專業而固守某個行業，而是要秉持北科大校訓「誠、樸、精、勤」的精神，敢於面對困難，踏實前行，不懼艱辛與挑戰，持續學習。這些都是未來成長的關鍵。

抱負與奉獻 實踐生命價值觀

陳美吟呼籲年輕的學弟妹們要多參與社團活動，學到服務態度和應對進退之道，除了建立人脈，更應該回饋社會，特別是教育方面。她也是爭取建啤校地委員會一員，她深信，建啤部分公有地做為教育用途，比起促銷啤酒文化或是其他商業用途，更有意義！

生命就像短暫的煙火，陳美吟投入了一百分的熱情和努力，致力於她目前最想做的事，也希望校辦企業—海碁科技能賺錢而協助母校學弟妹有實習機會與回饋母校。陳美吟透過豐富的自身生活，同時也為他人點燃生命的火花。

陳美吟 78 化工三

- 海碁科技股份有限公司 董事長
- 旋天環保公司 副總經理
- 新莊雙鳳震災都更會 理事長
- 新北市北科大校友會 理事長 (第十屆)

專訪影音

堅毅不拔，不屈不撓
首位榮獲英國企業楷模的臺灣女性

Bosse Computers Ltd
董事長 蔡惠玉

第一位獲選為「英國科技企業最佳典範」的臺灣女性—蔡惠玉，帶著臺灣堅韌不拔的精神，立足英國，前進歐洲、勇闖世界，她面對充滿曲折與挑戰的人生道路，從未放棄過對夢想的追求。

要有一個人

楊斯棓

閱讀22種人生，
你的人生有無限可能！

站在家人的肩膀上 看到了更廣闊的世界

　　1971 年,在蘇澳長大的蔡惠玉,從六、七歲開始就跟著經營著一家小型貨運公司的父親去送貨,自幼陪伴著父親進行各種運輸任務,經常早出晚歸,穿梭在山間小路之間,這樣的經歷使她從小便習慣了家中的忙碌節奏,並在嚴苛的環境中學會了物流、工廠生產、會計和簽訂合約等實務經驗。目睹著父親辛勤工作與無私奉獻的力量。這些早期的經歷深深地烙印在她心中,成為她日後無比堅韌的根基。

生活即是花道 綻放多重人生

　　學生時期的蔡惠玉就會跟著父親去見客戶、簽貨款、合約等重要事項，蔡惠玉還為此特地去買一本六法全書鑽研，為父親注意細節，甚至是會計，基本的簿記蔡惠玉也努力學會。家中送貨的全盛時期有十二部卡車，員工有三十多人。運將多了，狀況也跟著多了起來，計算薪資、廠商收費這些大大小小的事情蔡惠玉都要為家裡分憂解勞，也因此年紀輕輕的蔡惠玉面對家中事業卻非常的有氣勢，遇到沒有把事情做好的員工，十多歲的蔡惠玉就知道如何處置對方，從小建立自身的威嚴，這些經驗對蔡惠玉來說都是養分，這也影響了蔡惠玉做人處事的態度。

歲月如梭，羅東高中畢業後的蔡惠玉，來到了準備迎接大學挑戰的花樣年華。然而因心懷家計重擔，她不選主流大學路，而是選擇了臺北工專的四年期夜間部。校園生活裡，她擔負著四份工作，一早在影印店打拼，下課後奔走於泡沫紅茶店和麥當勞，假日則身兼小說書店的店員。儘管要兼顧多種身分，在臺北工專的日子裡的她仍精彩閃耀，除了努力學習專業知識，也積極參與各項活動，特別是在籃球比賽中，展現傑出的運動才能和團隊合作精神。

　　半工半讀的日子持續了近三年，最終讓她攢下了開泡沫紅茶店的資金，準備踏入飲品市場。或許是命運的安排，一次偶然的機會下，隔壁鄰居對她說：「你這麼年輕，為何不考慮出國

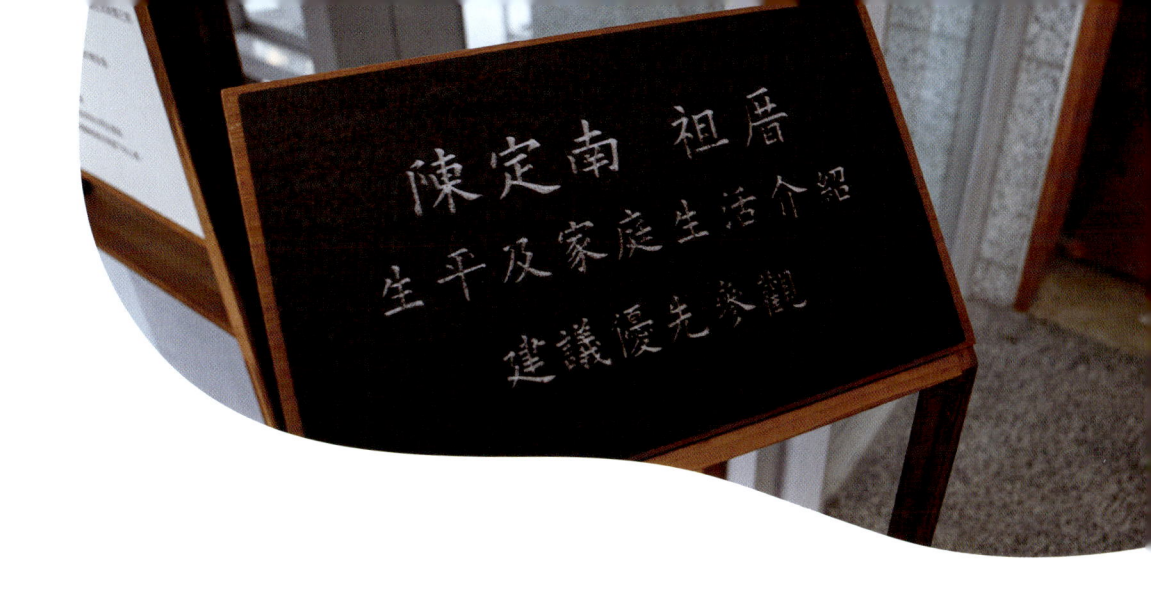

深造？開店後就會被困在臺灣了。」這句話彷彿點燃了她生命中的一把火，改變了她未來命運的軌跡。

「學習、工作、探索」把握每一次成長的機會

蔡惠玉原本計畫前往美國就讀語言學校，但在申請簽證的過程中一再受挫。她並未因此放棄，而是選擇前往英國，展開她的留學之旅。初到英國的蔡惠玉，滿懷興奮地學習和探索，但隨著時間的推移，她發現自己在語言學習上遇到了瓶頸。

為了延長在英國的居留時間，蔡惠玉四處尋找機會。在一次送機時，她偶然認識了一位在科技界工作的國中同學，憑著她過人的行動力，很快便在倫敦找到了一份助理工作。雖然這份工作薪水不高，但她全心投入，並努力學習英語，也發揮她過去的工作經驗，同時處理公司上下的大小事務，甚至幫忙搬貨、上架等助理工作之外的任務。

從 0 到 1：在意想不到之處發現的商業價值

在英國工作的經歷，使蔡惠玉積累了豐富的商業經驗。當公司決定在曼徹斯特開設新分公司時，她自告奮勇成為曼城分公司的總負責人。這是一個從零開始的挑戰，但她憑著堅毅的精神和過去豐富的經驗，迅速找到倉庫、客戶和供應商，成功地建立了曼城分公司的運營。

然而，好景不長，當總公司因市場狀況決定縮編時，曼城分公司成為了首批被裁撤的對象。蔡惠玉不願回到倫敦總公司，果斷決定創立自己的品牌。創業初期，她沒有任何經濟援助，但她憑著對品質的嚴格把關和無比的毅力，一頁一頁地撥打黃

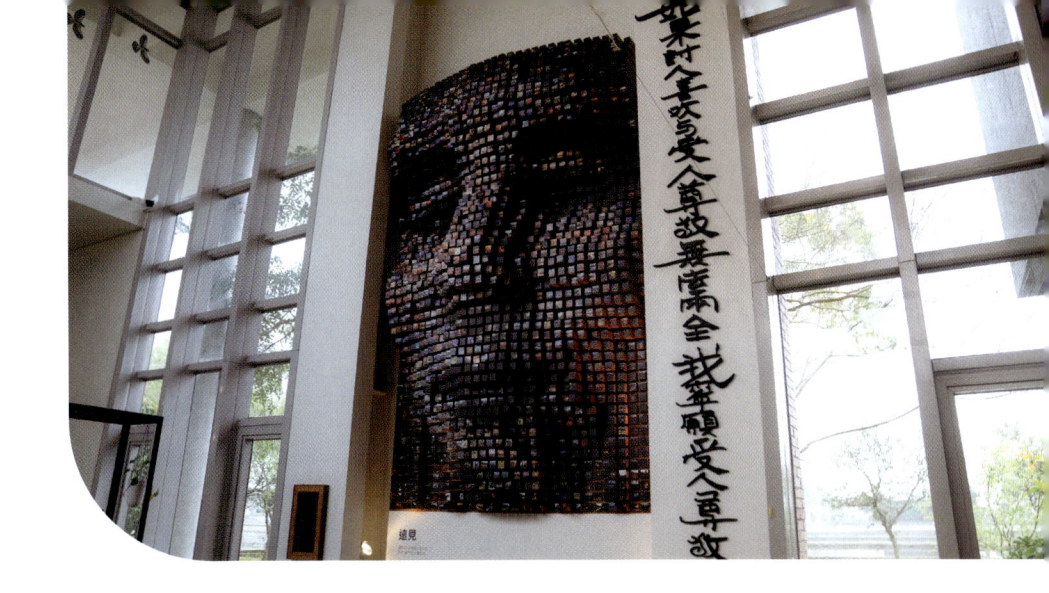

頁上的電話,向每個科技相關公司的老闆推廣自己的產品。

　2000 年,蔡惠玉在一次環球旅行中,意外地在台灣發現了品質優良的科技產品。她將這些產品帶回英國銷售,迅速售罄,這讓她對臺灣產品的信心大增。隨後,她開始開發更多不同的產品線,並成功將自己的產品賣入白金漢宮,寫下了她商業生涯中最輝煌的一頁。

每次的起伏和跌倒 都是通向更好自己的必經之路

　蔡惠玉的成功故事,不僅在於她在商業上的成就,更在於她對社會的無私奉獻。她相信:「人生就是有不得不做的事情!」她的無私精神,影響和激勵了無數人。未來,她希望繼續將臺

灣的優良產品推向國際市場，並以她的經歷和成就，啟發更多年輕人追尋自己的夢想。

從宜蘭海港的小女孩，到英國科技領域的楷模，蔡惠玉用她的堅韌和智慧，創造了一個非凡的創業傳奇。她的故事，正如她所希望的那樣，成為激勵人們追求卓越、不懈奮鬥的動力。

在人生的旅途中，蔡惠玉認為：「有些事物如精神食糧般的存在，它們賦予她強烈的幸福感與勇氣。」人生必定充滿低谷和挑戰，這是不爭的事實。然而，這些困難不會永遠束縛她，而是暫時的風雨，必將為她帶來更強的成長與智慧。

她學會了面對心情的波動，當今天感覺低落時，她會選擇退下來，尋找屬於自己的片刻寧靜。這不是逃避，而是給予自己一個重新平衡的機會。因為她知道，無論面對多大的挑戰，她總能找到解決的辦法，即使解決不了，也會找到應對的方式。

這樣的信念和態度，讓她不畏懼困難，勇於迎接生活的每一個挑戰。無論何時何地，她都會堅定地走在前行的路上，因為她相信，每一次的起伏和跌倒，都是通向更好自己的必經之路。

蔡惠玉 82 化工三

- Bosse Computers Ltd 董事長
- 國際橋牌社 共同出品人
- 陳定南教育基金會 董事
- 英國僑務 顧問
- 曼城台灣人協會 會長暨急難救助會長

專訪影音

點亮產業推手

收錄25個校友典範的奮鬥人生故事 ①

編　　著	優報導youReport
發 行 所	國立臺北科技大學校友會全國總會
地　　址	台北市大安區八德路二段10巷6號5樓
電　　話	(02)2721-3948
發 行 人	張啓城
總 編 輯	鄧道興
主　　編	林渝珊
採　　編	王上青、陳佩妤、陳毓庭、黃康寧、盛珮芸、林詩淇
封面設計	凱西Cassiey
排版編輯	黃靖雯
攝　　影	許育森

出 版 者	優識文化股份有限公司
地　　址	台北市大安區忠孝東路四段320號2樓
電　　話	(02)2752-5031

總經銷商	旭昇圖書有限公司
地　　址	新北市中和區中山路二段352號2樓
電　　話	(02)2245-1480

製版印刷	復揚印刷有限公司
出版日期	中華民國113年10月 初版5刷
ＩＳＢＮ	978-986-99942-4-8 (第1冊：精裝)
定　　價	新台幣580元

國家圖書館出版品預行編目(CIP)資料

點亮產業推手 / 優報導youReport編著. -- 初版. -- 臺北市 : 優識文化股份有限公司出版 : 國立臺北科技大學校友會全國總會發行, 民113.10印刷-

　冊 ；　公分
ISBN 978-986-99942-4-8(第1冊：精裝)
1.CST: 企業家 2.CST: 傳記 3.CST: 創業
490.99　　　　　　　　　　　　　　　113015064